Beate Brüggemeier

Wertschätzende Kommunikation im Business

Wer sich öffnet, kommt weiter!

Wie Sie die Gewaltfreie Kommunikation im Berufsalltag nutzen

Ausführliche Informationen zu jedem unserer lieferbaren und geplanten Bücher finden Sie im Internet unter ↗http://www.junfermann.de. Dort können Sie unseren Newsletter abonnieren und sicherstellen, dass Sie alles Wissenswerte über das Junfermann-Programm regelmäßig und aktuell erfahren. – Und wenn Sie an Geschichten aus dem Verlagsalltag und rund um unser Buch-Programm interessiert sind, besuchen Sie auch unseren Blog: ↗http://blogweise.junfermann.de.

Beate Brüggemeier

Wertschätzende Kommunikation im Business

Wer sich öffnet, kommt weiter!

Wie Sie die Gewaltfreie Kommunikation im Berufsalltag nutzen

Junfermann Verlag • Paderborn
2011

2. Auflage 2011
Coverfoto: © Franck Boston – Fotolia.com
Covergestaltung/Reihenentwurf: Christian Tschepp

Satz: JUNFERMANN Druck & Service, Paderborn

Bibliografische Information der Deutschen Bibliothek

Die Deutsche Bibliothek verzeichnet diese Publikation in der Deutschen Nationalbibliografie; detaillierte bibliografische Daten sind im Internet über http://dnb.ddb.de abrufbar.

ISBN 978-3-87387-750-4
Dieses Buch erscheint parallel als E-Book (ISBN 978-3-87387-806-8)

Inhalt

Mit meinem Buch möchte ich alle Menschen gleichwertig ansprechen. Aufgrund der besseren Lesbarkeit wechsel ich zwischen weiblichen und männlichen Formulierungen. Gemeint sind immer alle Menschen, unabhängig vom Geschlecht.

Übungsverzeichnis

1. Herausforderungen heute

Der Umgang der Menschen miteinander nimmt in der heutigen Arbeitswelt einen wesentlichen Stellenwert ein. Die Gesamtheit unserer sozialen Kontakte ist vielfältig. Jeden Tag haben wir in unserem Leben neue Situationen zu meistern. Unser Privatleben genauso wie das berufliche Umfeld ist durch ständige Veränderungen bzw. Change-Prozesse geprägt. Diese immer wieder aufs Neue zu meistern, stellt eine große Herausforderung dar. Die Anforderungen an den Einzelnen sind hoch. Von Mitarbeitenden wird erwartet, dass sie vollen Einsatz zeigen, Verantwortung übernehmen und zugleich ein hohes Maß an Toleranz, Flexibilität und Motivation mitbringen. Die Leistung von Führungskräften wird nicht nur an fachlichen Qualifikationen und Umsatzsteigerung gemessen, sondern zunehmend auch an den Soft-Skills.

Doch statt hoch motivierter Menschen voller eigener Ideen, die sich zugleich für das Unternehmen, und auch für sich selbst einsetzen, trifft man in den Büros häufig auf ein anderes Bild: Mitarbeitende und Führungskräfte sind gleichermaßen erschöpft und fühlen sich überlastet. Rund 15 Prozent der Deutschen leiden laut der Zeitschrift *Focus* unter dem Burn-Out-Syndrom. Das ist selbst bei jungen Menschen festzustellen. Es entsteht *Er*schöpfung statt *Wert*schöpfung.

Wie kann man die Zufriedenheit von Mitarbeitern und Kunden steigern und zugleich der Forderung nach Effizienz und Wirtschaftlichkeit gerecht werden? Wie kann man den Anforderungen im Job entsprechen, ohne dabei seine eigenen Bedürfnisse und seine Gesundheit zu vernachlässigen?

Wie kann man seine Bedürfnisse erkennen und diese in der Berufswelt so kommunizieren, dass sie ernst genommen und verstanden werden? Und wie kann man seine Mitarbeitenden darin unterstützen, dies überhaupt zu tun? Hier setzt die Wertschätzende Kommunikation an.

In der Wertschätzenden Kommunikation geht es darum, ein Umfeld zu schaffen, in dem Mitarbeitende aus eigener Motivation heraus kooperieren und zur Erreichung unternehmerischer Ziele beitragen wollen. Es geht ebenso darum, einen Führungsstil zu entwickeln, der Macht mit Menschen, anstatt Macht über Menschen ausübt. Die Basis ist eine Beziehungsqualität, bei der die Anliegen aller berücksichtigt werden. Diese Haltung orientiert sich an der von Dr. Marshall Rosenberg entwickelten Kommunikations- und Konfliktlösungsmethode, der Gewaltfreien Kommunikation (GfK). Der promovierte Psychologe, der bei Carl Rogers studiert hat, ist weltweit als Konfliktmediator anerkannt und schult in über 40 Ländern unterschiedlichste Zielgruppen. Als offiziell von Regierungen und Institutionen beauftragter Vermittler reist er in Krisengebiete, um zwischen Konfliktparteien zu vermitteln.

Wertschätzende Kommunikation dient der Persönlichkeitsentwicklung und der nachhaltigen Erweiterung im Kommunikationsverhalten. Das Ergebnis ist eine klare Handlungssprache und eine Kultur von gegenseitiger Wertschätzung, Akzeptanz, Offenheit und Vertrauen als Basis für qualitative und nachhaltige Leistungserbringung. Das Individuum wird gefördert, gleichzeitig entsteht eine Basis für gute Zusammenarbeit. Rosenbergs Theorien habe ich aufs Business angewendet und übertragen – darum geht es in diesem Buch. Wertschätzende Kommunikation ist eine praxisnahe und hochwirksame Methode in der Beziehung mit Kunden, Mitarbeitern, Führungskräften, Vorgesetzten und Kollegen.

Die Wertschätzende Kommunikation legt folgende Annahmen zugrunde:
- Jeder Mensch strebt nach der Erfüllung seiner Bedürfnisse. Dadurch wird sein Verhalten bestimmt.
- Die eigenen Bedürfnisse sind genauso wichtig wie die der anderen.
- Menschen tragen gerne zum Wohle anderer bei, wenn sie es freiwillig tun.
- Jede Form von Vorwurf, Angriff und Urteil ist Ausdruck unerfüllter Bedürfnisse.
- Menschen handeln nicht GEGEN andere, sondern FÜR ihre Bedürfnisse.

Die Kommunikations- und Empathiefähigkeit der Beschäftigten ist ein zentraler Erfolgsfaktor für Unternehmen der Zukunft. Die emotionale Intelligenz, und damit auch die Empathie, also das Einfühlungsvermögen, spielen eine entscheidende Rolle bei der Führung, Kundenorientierung und der Steigerung der Mitarbeiterzufriedenheit. Das zu erkennen und als Chance für unternehmerischen Erfolg zu nutzen, ist eine der wichtigsten Herausforderungen heute.

2. Einleitung

Als ich von einem Manager eines Unternehmens mit 750 Mitarbeitern gebeten wurde, ihm die Wertschätzende Kommunikation vorzustellen und ein Trainingskonzept anzubieten, habe ich mich gefreut. Ich sah diese Anfrage als Chance, daran mitzuwirken, in der Wirtschaft eine Kommunikationshaltung zu vermitteln, die von Menschlichkeit und Wertschätzung geprägt ist, und die nachhaltig zur Wertschöpfung führt. Somit nahm ich die Herausforderung gerne an.

Ich hatte exakt eine Stunde Zeit, um dem Geschäftsführer mein Konzept zu präsentieren. Für einen Topmanager ist das sehr viel Zeit, für mich wiederum sehr wenig. Wie gelingt es mir, das Wesentliche auf den Punkt zu bringen? Wie kann ich den menschlichen und wirtschaftlichen Nutzen der Wertschätzenden Kommunikation für ein Unternehmen in dieser einen Stunde deutlich machen?

Bis zu dem Termin waren es noch sechs Wochen. Ich habe viel darüber nachgedacht, wie ich die Präsentation gestalten könnte. Eine Powerpoint-Präsentation, Statistiken, Übungen – gedanklich hatte ich alle Möglichkeiten durchgespielt. Gleichzeitig ist es das eigene Erleben, das die Wertschätzende Kommunikation erst begreifbar und erfahrbar macht. Sollte ich einen Vortrag halten oder an einem konkreten Beispiel des Managers die Wertschätzende Kommunikation erlebbar machen? Eine Zeit lang war ich hin- und hergerissen, bis eine Freundin mir wenige Tage vor dem Termin riet: „Verlass dich auf dein eigenes Gefühl."

Und genau das habe ich dann gemacht. Ich legte am Tag des Termins meine ausgedruckte Präsentation auf den Tisch und sagte Herrn Dr. K., dass er darin alle wesentlichen Informationen über meinen Trainings-Ansatz finden würde – über die Inhalte der Wertschätzenden Kommunikation, Umsetzungsmöglichkeiten und Nachhaltigkeit. Doch diese Stunde wolle ich dazu nutzen, ihn etwas Neues erleben zu lassen, um ihm zu zeigen, wo das besondere Potenzial dieser Arbeit liegt. Ich fragte ihn, ob er bereit sei, sich auf ein Experiment einzulassen. Er sagte Ja.

Ich bat Herrn Dr. K. um ein Beispiel aus seinem Arbeitsalltag – eine Situation, die für ihn schwierig war, oder ein ungelöster Konflikt. Ihm fiel sofort eine Situation ein, in der er sich eine andere Kommunikation gewünscht hätte. Kommunikationstrainings hatte er schon einige absolviert, doch er wollte erfahren, was den Unterschied zwischen den ihm bekannten Kommunikationsmethoden und der Wertschätzenden Kommunikation ausmachte.

Um die vier Schritte der Wertschätzenden Kommunikation in meinen Seminaren zu verdeutlichen, habe ich Karten angefertigt. Diese Karten lege ich auf den Boden, sodass man die vier Schritte nicht nur geistig, sondern auch körperlich „durchgehen" kann. Auf den vier Karten steht: Beobachtung, Gefühl, Bedürfnis und Bitte.

Auch für Herrn Dr. K. legte ich die Karten auf den Boden und wir sind die vier Schritte – so wie jetzt mit dem Leser – im Schnelldurchgang durchlaufen.

Eine Beobachtung beschreibt das, was geschehen ist. Sie glauben nicht, wie schwierig es ist, eine einfache Beobachtung zu machen. In aller Regel denken wir in Bewertungen und Interpretationen – und dann handeln wir entsprechend. Weil ich mir dessen bewusst war, lag noch eine weitere Karte da, auf der „Bewertung" stand.

Nun kam meine erste Frage: „Was ist Ihre Beobachtung in der betreffenden Situation, was ist genau passiert?" Die Antwort war: „Ich habe mich geärgert, dass mir mein Mitarbeiter dreimal ein falsches Ergebnis vorlegte." Ich fragte, ob ich ihn auf die Bewertungskarte schieben dürfte – denn „Falsch" und „Richtig" sind Bewertungen, keine Beobachtungen. Er war einverstanden. Und ich fragte: „Auf was genau beziehen Sie sich, wenn Sie sagen, Ihr Mitarbeiter legt ein falsches Ergebnis vor?"

Wenige Minuten später hatten wir die Beobachtung erarbeitet: „Herr M. legte die Kalkulation zum dritten Mal vor, wobei im Ergebnisfeld der Kalkulation eine Null stand, anstelle eines Betrags." Dr. K. kam zu der ersten Erkenntnis, dass, wenn er die Beobachtung angesprochen hätte, die Kommunikation klarer gewesen wäre.

Nun kam der zweite Schritt, das Gefühl. „Wie haben Sie sich in der Situation gefühlt?" „Ich fühlte mich falsch verstanden mit dem, was ich gesagt habe." Ich schob Herrn Dr. K. sanft zurück auf das Bewertungsfeld. „‚Falsch verstanden' ist kein Gefühl, sondern drückt aus, was Sie über die andere Person denken. Ein Gefühl hat jedoch nichts mit dem anderen zu tun, es gehört zu Ihnen." Es ist wichtig, die Verantwortung für die eigenen Gefühle zu übernehmen und das in der Sprache auch so auszudrücken, indem man von sich selbst spricht. Dr. K. begriff sofort: „Ok, dann fühlte ich mich ärgerlich, weil ich auch unter Druck stand und Abgabetermine einzuhalten hatte." Das war ein sehr klares Gefühl.

Jetzt kamen wir zum dritten Schritt, dem Bedürfnis, und ich fragte ihn: „Dann haben Sie ein Bedürfnis nach Verlässlichkeit und Effizienz?" „Ja, exakt. Mir liegt etwas an effektiver Zeitnutzung." „Wenn das Ihr Bedürfnis ist, was könnte dann die Bitte sein? Was hätte Ihr Leben verschönern können?" Nun schaute Dr. K. erstaunt: „Mein Leben verschönern?" „Ja, Ihr Leben verschönern." Ich könnte es auch anders formulieren. Jedoch ist es mir wichtig, Menschen dazu anzuregen, auch im Arbeitsalltag auf ihre Lebensverschönerung zu achten. Anders ausgedrückt: „Wie können Sie eine klare Bitte ausdrücken, damit Ihr Bedürfnis nach Effizienz eine Chance auf Erfüllung hat?" Dr. K. fragte mich, was ich damit meinte. Ich sagte: „Wenn ich in einem Gespräch bin, bitte ich die andere Person sofort um ein Feedback, damit ich sicherstellen kann, dass das, was ich sage, beim anderen so ankommt, wie ich es meine. Damit habe ich die Situation für mich und den anderen leichter gemacht." Dr. K. sagte: „Dann hätte ich als Bitte formulieren können: ‚Können Sie mir kurz wiedergeben, was meine Anliegen sind.' Dann hätten wir beide mehr Sicherheit und Klarheit gehabt."

Im Business gehen Vorgesetzte und Mitarbeiter häufig von unterschiedlichen Grundannahmen aus, über die sie sich jedoch nicht verständigen. Herr Dr. K. erkannte, dass die Situation von Anfang an klarer gewesen wäre, wenn er nachgefragt hätte. Der Königsweg wäre gewesen, wenn er seinen Mitarbeiter Herrn M. gefragt hätte, was er braucht, um diese Aufgabe zu erfüllen. Das ist empathische Kommunikation, die sofort Verbindung zum anderen schafft. Zum Schluss fragte ich Dr. K.: „Wie viel Zeit haben Sie durch diese Unstimmigkeit verloren?" Dr. K. schaute seine Assistentin an, die mit im Raum saß. „Ich weiß nicht, wie viel Zeit das in Anspruch genommen hat, aber es muss eine Menge gewesen sein." Und dann sagte er: „Sie haben mich überzeugt. Ich möchte gern die Wertschätzende Kommunikation in unser Unternehmen einführen."

Dieses Beispiel zeigt, dass die Wertschätzende Kommunikation aus vier Schritten besteht und auf den ersten Blick ganz einfach erscheint. Zugleich ist sie aber auch schwierig und ungewohnt. Wir haben alle einen anderen Kommunikationsstil gelernt, und es bedeutet einen wirklichen Perspektivenwechsel, um die Wertschätzende Kommunikation in unser Leben zu holen.

Klarheit und Effizienz sind wichtige Bedürfnisse für jeden Menschen, besonders im Business. Als ich die Gewaltfreie Kommunikation nach Dr. Marshall Rosenberg kennenlernte, konnte ich zum ersten Mal benennen, was ich bis dahin immer nur gespürt hatte – dass es eine Kommunikation gibt, die trennt, und eine, die verbindet. Und dass Gewalt in den Worten liegt, die wir ganz selbstverständlich und häufig unbewusst benutzen.

Bei meiner Arbeit als Management- und Kommunikationsberaterin fand ich in manchen Büros eine wunderbare Stimmung vor, und auch die Arbeit lief rund. An vielen Arbeitsplätzen wiederum bemerkte ich die dicke Luft, die dort herrschte, schon wenn ich zur Tür hereinkam. Mit der Gewaltfreien Kommunikation – die ich in diesem Buch „Wertschätzende Kommunikation" nennen möchte – wurde mir ein Tool an die Hand gegeben, das alltagstauglich und in allen menschlichen Beziehungen anwendbar ist, im Business ebenso wie in der Familie, in der Politik ebenso wie in sozialen Bereichen und in Schulen.

Die Wertschätzende Kommunikation zeigt uns präzise, wo Verbindungen gebrochen werden und wie sie wieder hergestellt werden können. Dazwischen heißt es: Üben, Üben, Üben – aber bitte mit Freude!

Dieses Buch beschreibt die Grundlagen der Wertschätzenden Kommunikation. Es zeigt, dass Wertschätzung zu Wertschöpfung führt. Die Schritte der Wertschätzenden Kommunikation werden an vielen Beispielen, und gerade auch an herausfordernden Situationen im Business, erklärt, sodass Sie Schritt für Schritt mit der Methode vertraut werden.

Ich möchte Sie mit diesem Buch zurück in die eigene Kompetenz führen und für eine Kultur der Wertschätzung im Business werben. Ich möchte das Wissen über echte Verbindung in der Arbeitswelt wieder aktivieren – für die Top-Managerin ebenso wie für den Abteilungsleiter, die Sekretärin ebenso wie für den Projektleiter, damit auch im Business diese Qualität aufrichtiger Verbindung wieder zum Tragen kommen kann.

Sie müssen nicht erst warten, bis Sie das dritte Buch durchgearbeitet oder das vierte Seminar in Wertschätzender Kommunikation absolviert haben. Sie können die Wertschätzende Kommunikation sofort ausprobieren. Ich möchte Ihnen Lust darauf machen, ehrlich zu sich selbst und zu anderen zu sein, um dadurch auch effizienter arbeiten zu können.

Ich vertraue darauf, dass jeder Mensch die Sehnsucht in sich trägt, sich authentisch auszudrücken. Wer sich öffnet, kommt weiter. Menschen wünschen sich eine Kultur gegenseitiger Wertschätzung, in der Freude entsteht und in der es darum geht, Macht mit Menschen anstatt Macht über Menschen auszuüben. Dies führt zu klaren Vereinbarungen, Sicherheit, Anerkennung und die Erfüllung grundlegender Bedürfnisse. Zufriedene Mitarbeitende steigern den Umsatz und erhöhen den Geschäftserfolg – das ist der beste Beweis dafür, dass menschliche Werte wichtig sind. Gerade auf die Wirtschaft bezogen führt Wertschätzung zu Wertschöpfung. Ich möchte Ihnen Mut machen, aktiv zu werden und die Wertschätzende Kommunikation zu nutzen, damit Sie, wenn Sie morgens ins Geschäft fahren, sagen können: „Hier bin ich am richtigen Platz, hier gehe ich mit Freude meiner Arbeit nach und erreiche Erfolge gemeinsam mit anderen Menschen."

3. Dicke Luft kostet Geld

Dicke Luft in unseren Büros kostet die Wirtschaft viel Geld. Sicherlich kennen auch Sie Situationen, in denen Mitarbeiter nur noch das Nötigste miteinander sprechen, ohne zu verstehen, was eigentlich zwischen ihnen steht. „Dicke Luft" entsteht also häufig durch nicht stattgefundene Aussprachen. Das ruft Unzufriedenheit hervor.

Den Geldverlust von Kommunikationsstörungen zu kalkulieren ist das eine. Es kann auch Betriebswirtschaftler überzeugen. Noch entscheidender ist für mich: Menschen behalten Ärger und Frust meistens nicht für sich, sondern erzählen ihn weiter. Jede Person hat Referenzpersonen in einer Firma, hat Beziehungen. So zieht jede schiefgelaufene Kommunikation Kreise. Die Zeit, die dabei nicht produktiv genutzt wird, ist ein betriebswirtschaftliches Problem, aber nicht das einzige. Denn die Geschichte geht ja noch weiter. Was schätzen Sie? Wie lange braucht ein Mitarbeiter, der ein Urteil gehört hat, um sich davon zu erholen? Wie viel Kraft und Zeit wird eine Mitarbeiterin aufwenden müssen, bis sie wieder ohne Ärger, Frust oder Angst an ihrem Arbeitsplatz sitzt und konzentriert arbeiten kann? Die Erkenntnisse der Unternehmensforscher sind eindeutig: Jeder fünfte Mitarbeiter reicht aufgrund solcher Frustrationen die innere Kündigung ein. Unzufriedene Mitarbeiter sind demotiviert, ihr kreatives Potenzial und ihr fachliches Know-how in die Arbeit einzubringen.

Was ist die Grundlage für Zufriedenheit und um mit Freude zur Arbeit zu kommen? Löhne und Sozialleistungen? Sicherlich spielt die wirtschaftliche Sicherheit eines Mitarbeiters eine große Rolle. Doch wer wegen Geld kommt, geht auch wegen Geld. Es sind andere Aspekte, die Menschen an ein Unternehmen binden und die sie jeden Morgen gerne in die Firma kommen lassen. Menschen wollen als Menschen gesehen und wahrgenommen werden und nicht als BJs (Beschäftigungsjahre). Stellen Sie sich die Frage: Zählen menschliche Werte in Ihrem Unternehmen?

In einer Atmosphäre von Druck und der Furcht vor Konsequenzen bekommen Sie Dienst nach Vorschrift, keine Inspiration. Dienst nach Vorschrift geht immer auf Kosten der Kreativität und Flexibilität eines Unternehmens.

Wenn Sie Mitarbeiter haben wollen, die nur tun, was Sie als Vorgesetzter sagen, dann hat dieses Ziel seinen Preis. Auch wenn wir im Business nicht von Strafen sprechen, sind sie unterschwellig in unserem Bewusstsein – die Konsequenzen, mit denen wir zu rechnen haben, wenn wir etwas nicht tun. Im schlimmsten Fall wäre das der Arbeitsplatzverlust oder die Gehaltserhöhung bleibt aus oder es gibt keine Projektleitung oder Weiterbildung.

Ich betone immer wieder die Eigenverantwortung des Menschen. Warten Sie nicht darauf, bis die Wirtschaft menschlicher und sozialer wird, sondern sorgen Sie selbst dafür. Bringen Sie sich ein für einen werteorientierten Wandel.

Einen werteorientierten Wandel können Sie gestalten, indem Sie

- Verantwortung für Ihre Gegenwart und Zukunft übernehmen;
- Ziele erreichen mit einer Kommunikationsform, die niemanden übergeht oder verletzt;
- eine Kultur des Miteinanders fördern, die die Besinnung auf Bedürfnisse, Werte und wertschätzendes Handeln ermöglicht;
- ein Umfeld für Vertrauen, Offenheit und Aufrichtigkeit kreieren und damit sich und anderen ermöglichen, sich authentisch zu zeigen;
- in einer Haltung leben, die von Menschlichkeit geprägt ist. Nicht nur der Kunde ist König, sondern alle Menschen in einem Unternehmen. Zufriedene Mitarbeitende schaffen zufriedene Kunden.

Mit der Wertschätzenden Kommunikation werden Sie das Handwerkszeug erlangen, einen wertschöpfenden Wandel in Ihrem täglichen Berufs- und Privatleben umzusetzen.

4. Macht mit statt Macht über

Ich möchte mit anderen Menschen so umgehen, dass wir gemeinsam von der Macht profitieren. Es ist aber sehr verbreitet, mit Macht anders umzugehen, nämlich Macht über andere haben zu wollen.“ – *Marshall Rosenberg*

Macht mit Menschen bedeutet, Individualität zuzulassen. Wie oft höre ich: „Wir möchten Mitarbeitende, die selbstständig denken und handeln.“ Doch wird das Mitdenken dann auch zugelassen? Oder ist letztlich doch Anpassungsfähigkeit gewünscht? Mitarbeitende, die mitdenken und handeln, haben eigene Vorstellungen und möchten diese auch mit in das Große und Ganze einbringen. Doch ist das immer gewollt?

Reinhard K. Sprenger schreibt in seinem Buch „Aufstand des Individuums“, dass Unternehmen über Mittelwerte konkurrieren. „Der Einzelne darf nicht zu schnell oder zu langsam laufen, beides ist für den Gesamterfolg gefährlich. Der Mitarbeiter zählt nicht in seiner Besonderheit, sondern in seiner reibungslosen Anpassungsfähigkeit. Stärken trocknen aus oder werden in die Freizeit umgeleitet. Vorschriften erzeugen Dienst nach Vorschrift. Das Besondere des Menschen findet anderswo statt.“

Möchten Sie liebe, nette und angepasste Mitarbeiterinnen und Mitarbeiter oder möchten Sie Eigenständigkeit und Selbstverantwortung fördern?

Macht mit Menschen bedeutet u.a., ein Umfeld zu schaffen, in dem Menschen ihr Besonderes entfalten können. Mit der Wertschätzenden Kommunikation werden die Kreativität und die Selbstverantwortung des Einzelnen gefördert. Menschen werden in ihrer Ganzheit und nicht nur mit ihrem momentanen Leistungspotenzial gesehen.

Das setzt voraus, dass Sie wertschätzend miteinander umgehen, auch wenn es einmal unbequem wird. Durch die Wertschätzende Kommunikation lernen Sie, Empathiefähigkeit zu entwickeln, sodass Sie hören können, was der andere braucht und um was sie/er bittet, um einen Beitrag zum Erfolg des Unternehmens zu leisten – aus dem eigenen Wunsch heraus. Mit dem Gedanken: „Ich tue hier etwas, das mir wichtig ist, hier kann und will ich einen Beitrag leisten.“ Die Arbeit geschieht aus dem Wollen und nicht aus dem Müssen heraus.

Gleichzeitig geht es darum, dass Sie sich selbst klar werden, was Sie brauchen und was Ihre eindeutigen, gegenwartsbezogenen Bitten sind und wie Sie diese klar formulieren.

Durch Macht mit Menschen entsteht eine aufrichtige Verbindung und eine Vertrauensbasis, die Menschen ermutigt, auch bei einem beständigen Wandel der Umstände ihr Bestes zu geben.

5. Worte können Fenster oder Mauern sein

Warum geschieht es immer wieder, dass Sprache trennt statt zu verbinden? Unsere Kommunikation bringt Missverständnisse hervor, obwohl wir Verständigung anstreben.

Täglich urteilen und interpretieren wir in Bezug auf Menschen und Situationen, privat wie geschäftlich. Wir nehmen das meist als natürlich hin und sind uns dessen häufig gar nicht bewusst.

Wenn wir eine trennende Sprache sprechen, dann urteilen wir über andere Menschen, welches Verhalten uns nicht gefällt oder was wir an ihnen auszusetzen haben. Wir sprechen über Menschen anstatt mit Menschen. Die Aufmerksamkeit richtet sich eher auf das Fehlverhalten als auf das, was Menschen brauchen. Wenn sich zum Beispiel ein Mitarbeiter viele Gedanken über Details macht, dann ist er pingelig, übergenau und sieht alles kompliziert. Wenn sich jedoch ein Vorgesetzter mehr Gedanken über Details macht als der Mitarbeiter, dann ist der Mitarbeiter schlecht organisiert, schwer von Begriff oder nimmt alles auf die leichte Schulter. Das sind Denkweisen, die weder uns selbst das Leben verschönern noch eine Zusammenarbeit fördern.

Natürlich ist das Urteilsvermögen wichtig. Es ist notwendig, dass Sie Dinge bewerten und entsprechend danach handeln. Manager glänzen, wenn sie schnell in der Lage sind, Sachverhalte analytisch zu bewerten und Entscheidungen zu treffen.

Im Kontakt mit anderen Menschen ist es jedoch wichtig, dass Sie eine Form der Bewertung finden, die ein Miteinander fördert, ohne sich über andere zu stellen – in einer offenen, fairen und wertschätzenden Haltung.

Wenn Sie bereit sind, auf versteckte, subtile Ausdrucksweisen in Ihren eigenen Worten zu achten, entdecken Sie schnell, dass Worte Fenster oder Mauern sein können. Die folgende Tabelle mit Beispielen von trennender und verbindender Sprache gibt einen ersten kurzen Überblick.

Trennende Sprache	Verbindende Sprache
Interpretationen, Bewertungen, Urteile, Verallgemeinerungen *„In diesem Durcheinander kennt sich ja niemand aus. Nie halten Sie Ordnung."*	Beobachtung als Gesprächseinstieg *„Im Projektordner ist kein Vertrag, ich bin irritiert und brauche Klarheit."*
Kritisieren *„Bestimmt haben Sie es wieder vergessen, so zerstreut wie Sie sind."*	Die guten Gründe hinter dem Verhalten sehen. *„Stehen Sie unter Druck und Sie hätten mehr Zeit gebraucht?"*
Andere Personen werden für Gefühle verantwortlich gemacht. *„Ich bin verärgert, weil Sie ..."*	Die Verantwortung für Gefühle und Bedürfnisse wird übernommen. *„Ich bin ärgerlich, weil ich mich auf Absprachen verlassen möchte."*
Wertend loben *„Ihre Präsentation war super."*	Wertschätzung ausdrücken *„Ihre Präsentation hat mich unterstützt. Danke!"*
Befehlen: Bedürfnisse bleiben unberücksichtigt. Es gibt nur eine Möglichkeit der Ausführung. *„Bring jetzt den Müll raus!"*	Bitten: Es gibt Handlungsalternativen. Bedürfnisse werden berücksichtigt. Win-Win Lösungen. *„Mir ist es wichtig, dass jeder einen Beitrag leistet. Ich brauche Entlastung. Kannst du mir sagen, was du tun möchtest?"*
Strafen, drohen, fordern *„Wenn Sie das nicht schaffen, überlegen wir uns Alternativen."*	Bitten statt Forderungen. Wahlmöglichkeiten werden zugelassen *„Was brauchen Sie, damit Sie dieses Projekt zu Ende bringen können?"*
Sich im Recht fühlen, Fehler und Schuldige suchen. *„Der Kunde hat uns den Auftrag nicht erteilt, weil Sie ihn nicht richtig informiert haben."*	Wertfreie Beobachtung ansprechen. Bedürfnisse und konkrete Bitten mitteilen. *„Der Kunde hat mir mitgeteilt, dass wir den Auftrag nicht bekommen, da er die Informationen über das Produkt nicht bekommen hat. Können Sie mir sagen, was genau passiert ist?"*
Nein-Sagen, ohne die Bedürfnisse der anderen zu sehen. *„Nein, es wird keine Gehaltserhöhung geben."*	Nein-Sagen und dennoch die Bedürfnisse anderer respektieren. *„Sie möchten mit Ihrer gesamten Arbeit gesehen und wertgeschätzt werden. Ich bedaure, ..."*
Missglückter Versuch – Bedürfnisse auszudrücken	**Ziel: Wertschätzende Verbindung zu sich und anderen**

6. Die vier Schritte der Wertschätzenden Kommunikation

Die Grundvoraussetzung für Wertschätzende Kommunikation ist, dass Sie sich auf eine wertschätzende Verbindung einlassen möchten. Sie drücken klar und verständlich Ihr Anliegen aus und versuchen gleichzeitig die Anliegen des Gesprächspartners zu verstehen, auch wenn der Gesprächspartner anderer Meinung ist. Verstehen bedeutet ja nicht, dass Sie jedes Mal zustimmen oder mit allem einverstanden sind. Sie können jedoch mit Differenzen anders umgehen, weil Sie alle Aspekte sehen, die eine Situation ausmachen. Somit können Sie Entscheidungen treffen, die gute Chancen haben, von allen getragen zu werden. Anstatt einsame Entscheidungen zu fällen. Das Modell der Gewaltfreien Kommunikation nach Marshall Rosenberg besteht – wie schon in der Einleitung genannt – aus vier Schritten.

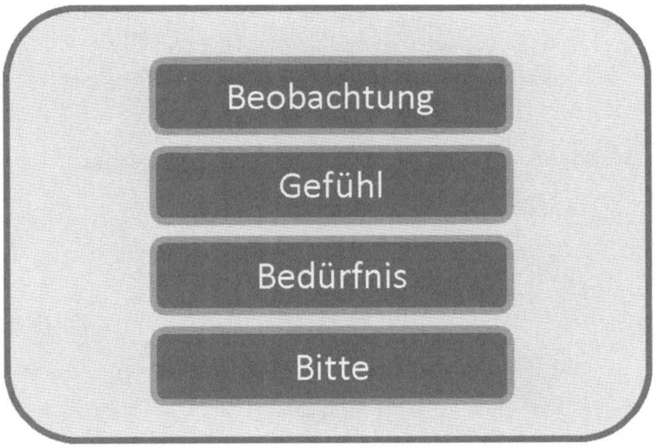

Sie werden beim Lesen möglicherweise entdecken, dass es sich bei Rosenbergs und auch bei meiner Arbeit nicht nur um ein Kommunikations-Modell handelt, sondern um eine Haltung, in der Sie selbst bewusst wahrnehmen, was Ihnen wichtig ist, was anderen wichtig ist und was ein Miteinander fördert.

Bei der Wertschätzenden Kommunikation haben Sie Bedürfnisse aller Beteiligten im Blick, wodurch Selbstverantwortung und Zusammenarbeit fruchtbar werden. Der Fokus liegt auf einer positiven Handlungssprache und einem werteorientierten Umgang auf der Basis von gegenseitiger Akzeptanz, Offenheit, Wertschätzung und Vertrauen. Das ist die Grundlage für qualitative und nachhaltige Leistungserbringung bei einem beständigen Wandel der Umstände.

Mit der Wertschätzenden Kommunikation werden Sie eine spürbare Erweiterung Ihres Kommunikationsverhaltens, Ihrer Art des Miteinanders, der Selbsterkenntnis und an innerer Klarheit erreichen.

Sie erkennen die in Ihnen schlummernden Ressourcen Ihrer Wahrnehmung, Sprache, Konfliktfähigkeit und Ihrer Ausstrahlung. Sie optimieren Ihre Erfolgsfaktoren.

6.1 Das Modell der Wertschätzenden Kommunikation

Bei der Wertschätzenden Kommunikation gibt es das „Ich“ mit den vier Schritten: Ihre Beobachtung, Ihr Gefühl, Ihre Bedürfnisse und Ihre Bitte. Im Dialog mit dem „Du“ berücksichtigen Sie außerdem die Beobachtung, das Gefühl, das Bedürfnis und die Bitte Ihres Gesprächspartners (s. Abbildung). Es ist ein Kreislauf von gegenseitigem Respektieren und Akzeptieren.

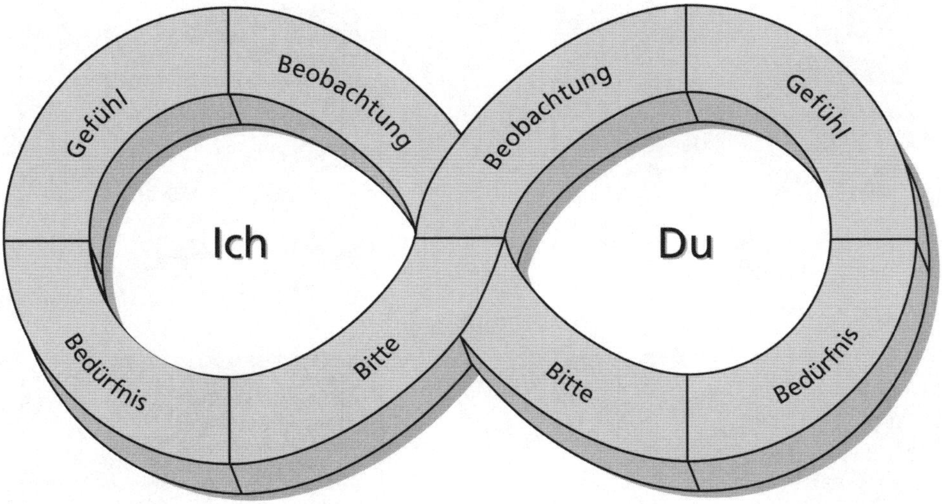

Beobachtung: Sie beobachten eine Situation oder Handlung, ohne sie zu bewerten.

Gefühl: Sie sprechen an, wie Sie sich bei einer bestimmten Handlung fühlen.

Bedürfnis: Sie teilen mit, welches Bedürfnis erfüllt oder unerfüllt ist.

Bitte: Sie stellen eine konkrete handlungsorientierte Bitte.

Ihre Gesprächspartnerin hat ebenso eine Beobachtung, ein Gefühl, ein Bedürfnis und eine Bitte. In der Wertschätzenden Kommunikation drücken Sie sich im „Ich" aufrichtig aus und hören dem „Du" empathisch zu.

Der Prozess der Wertschätzenden Kommunikation läuft sowohl im „Innen“ als auch im „Außen“ ab. Die folgende Abbildung soll Ihnen einen kurzen Überblick über das Modell geben. Die vier Schritte im „Innen“ nutzen Sie zum einen zur Selbstklärung bzw. Selbstempathie und zum anderen, um sich in Ihren Gesprächspartner einzufühlen. Im „Außen“ geht es um die Kommunikation, die Sie sowohl auf der „Ich-“ als auch auf der „Du-Seite“ zum Ausdruck bringen können. In diesem Buch werde ich immer wieder auf dieses Modell zurückgreifen.

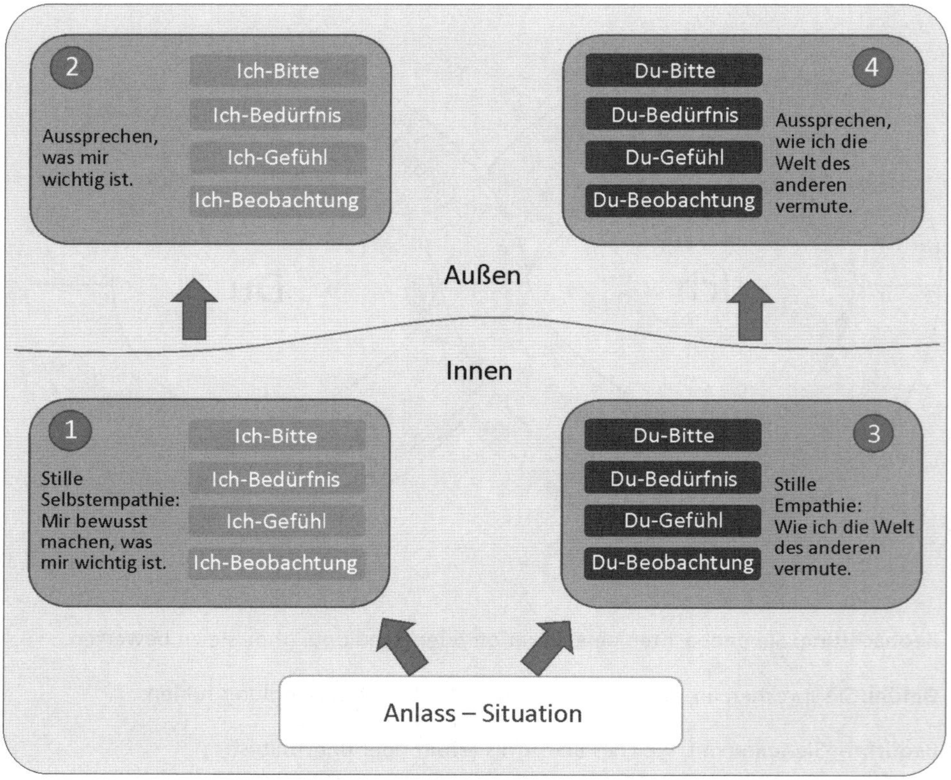

❶ Ich Innen: Ihre innere Selbstklärung bzw. Selbstempathie.

❷ Ich Außen: aussprechen, was Ihnen wichtig ist.

❸ Du Innen: Empathie für Ihren Gesprächspartner, wie Sie die Welt des anderen vermuten.

❹ Du Außen: empathisch zum Ausdruck bringen, wie Sie die Welt des anderen vermuten.

6.2 Erster Schritt: Beobachtung

Der erste Schritt, die Beobachtung, ist der Einstieg in Ihre Kommunikation. Der indische Philosoph Jiddu Krishnamurti sagt: „Die höchste Form menschlicher Intelligenz ist, zu beobachten ohne zu bewerten." Als ich das zum ersten Mal hörte, dachte ich nur: Es lohnt sich zu beobachten! Ich habe daraufhin bald festgestellt, wie schwierig es ist, Situationen und Menschen auf eine Weise zu beobachten, die sie weder bewertet noch beurteilt noch verurteilt. Erst recht, wenn ich diese Menschen lange kenne und Situationen aus der Vergangenheit in meinem Kopf habe, die nicht gerade dazu dienen, eine neutrale Beobachtung zuzulassen.

Wenn Sie in Ihrem ersten Schritt der Kommunikation eine Beobachtung mit Bewertungen vermischen, dann vermindern Sie die Wahrscheinlichkeit, dass der andere Mensch Ihnen zuhört. Eine genaue Beobachtung ist wichtig, wenn Sie Ihrem Gegenüber aufrichtig mitteilen möchten, wie es Ihnen mit einer Situation ergeht. Oft werden Beobachtungen mit Verallgemeinerungen oder mit Reizwörtern vermischt. Das macht unsere Sprache trennend.

Bestimmt kennen Sie Situationen, in denen Gespräche eskalieren oder nicht zu Ihrer Zufriedenheit laufen, und Sie fragen sich hinterher: „Was war das jetzt?", „Woran hat es gelegen, dass es uns nicht gelungen ist, einen Konsens zu finden und eine verbindende Kommunikation zu führen?"

Häufig fließen Bewertungen, Reizwörter und Urteile mit in unsere Gespräche ein. Das führt dazu, dass sich Gesprächspartner nicht mehr richtig zuhören, sondern vielmehr damit beschäftigt sind zu überlegen, wie sie auf „Angriffe" oder „Beschuldigungen" reagieren können.

Auch wenn Ihr Gesprächspartner einen Gesprächseinstieg wählt, der eine Bewertung enthält, ist es verdammt schwer, nicht den Angriff zu hören, sondern die Bewertung des anderen in eine Beobachtung zu übersetzen. Möchten Sie beim Gesprächseinstieg Fenster öffnen, dann trennen Sie bitte sehr genau Beobachtung von Bewertung.

Worte können Fenster oder Mauern sein. Eine Beobachtung ist neutral, so wie die Kamera ein Bild aufnimmt. Sie besteht aus: „ZDF" – Zahlen, Daten, Fakten. Eine genaue Beschreibung von dem, was Sie gesehen, gehört oder bemerkt haben.

Weil dieser Schritt das A und O der Wertschätzenden Kommunikation ist, werden Sie in diesem Buch immer wieder Hinweise und Beispiele für diese Unterscheidung finden. Die Wiederholungen dienen dazu, sich schrittweise einzuprägen, worum es geht.

Die Vermischung von Beobachtungen mit Bewertungen geschieht automatisch. Wir haben es so gelernt und sind uns in der Regel dessen nicht bewusst. Wir sprechen so im

Business, aber auch in unserem Alltag und in unserer Familie: „Du sitzt den ganzen Tag vor dem PC!" Das sagte ich entnervt zu meinem Sohn Malte, als ich dachte: „O Gott, wie bekomme ich dieses Kind im Alter von 16 Jahren von dem PC und den PC-Spielen weg? Wo soll das noch hinführen? Kommt er in der Schule noch mit? Werden die Noten schlechter? Kann das Spielen zur Sucht werden?" All diese Fragen stellte ich mir. Dann kamen schnell bewertende Sätze wie „Muss er schon wieder vor dem Computer hocken?" hinzu.

An diesem Beispiel habe ich sehr deutlich gemerkt, was passiert, wenn ich bewertend kommuniziere. Wie Sie sich vorstellen können, habe ich auf diese Weise keinen Kontakt zu meinem Sohn geschaffen, sondern Mauern gebaut. Eine Beobachtung wäre gewesen: „Ich sehe dich seit drei Stunden am PC. Morgen schreibst du eine Mathearbeit und ich habe dich nicht üben sehen." Und selbst das wäre noch keine genaue Beobachtung gewesen, da ich nicht minütlich in sein Zimmer geschaut hatte, ob er noch am PC saß oder lernte. Unzählige Male habe ich seither festgestellt, dass Zeiteinheiten oder andere Mengenangaben nicht notwendig sind, um einen Einstieg in die verbindende Kommunikation zu bekommen. Es genügt die Beobachtung: „Ich sehe dich am PC (Beobachtung auf die Gegenwart bezogen). War die Schule anstrengend und brauchst du einfach ein bisschen Entspannung (Bedürfnis)?" Malte: „Ja, weißt du, was da heute passiert ist ..." Und schon habe ich Verbindung zu meinem Sohn. Das ist es doch, was wir uns wünschen, Verbindung zu anderen. Und wenn sich unser Gesprächspartner in seinen Anliegen gehört fühlt, dann kann er auch meine Anliegen hören.

Es war für mich eine große Herausforderung, mit meinem Sohn einfühlsam zu kommunizieren, wenn er etwas tat, was mir nicht gefiel. Es hat Arbeit gekostet, nämlich mir die Selbstempathie zu geben, die es brauchte, damit ich einfühlsam auf ihn zugehen konnte (siehe Kapitel Selbstempathie). Ich versuche ein Vorbild für das zu sein, was ich weitergeben möchte.

Beobachtungen mit Interpretationen, Urteilen oder Übertreibungen werden gern mit Reizwörtern versehen wie: nie, immer, ständig usw. Solche Verallgemeinerungen sollten nach Möglichkeit vermieden werden, sonst wird die Beobachtung zum Vorwurf: „Sie sind nie da, wenn man Sie braucht." Die Folge ist meistens eine Abwehrreaktion. Besser ist es, wenn Sie die Beobachtung auf einen konkreten Zusammenhang beziehen und sagen: „Heute morgen habe ich Sie in Ihrem Büro nicht angetroffen." Hierdurch wird der Gesprächseinstieg geöffnet für die weiteren Schritte der Wertschätzenden Kommunikation.

Eine Beobachtung bietet eine Information und damit mehr Klarheit als eine Bewertung. Ich erinnere mich an ein Training in Wertschätzender Kommunikation mit dem Personal eines Altenheims. Für das Pflegepersonal war es nach dem Schichtwechsel schwierig, aus den Übergabeprotokollen zu entnehmen, was genau passiert war.

Das führte zu Unstimmigkeiten im Team. Zum Beispiel stand im Protokoll: „Die Bewohnerin ist aggressiv." Ich fragte, ob es für die Schicht danach wichtig zu wissen sei, was aggressiv bedeutet. Die Antwort war: „Ja, selbstverständlich, da kann ja alles Mögliche passiert sein. Unter aggressiv könnte man ja auch verstehen, dass ein Bewohner mit einem Messer auf einen Kollegen losgegangen ist. Genaue Informationen sind wichtig für uns." Tatsache (die Beobachtung) war: Die Bewohnerin spuckte dem Pfleger das Essen ins Gesicht. Damit konnten die Kollegen mehr anfangen, als wenn im Bericht stand: „Die Bewohnerin ist aggressiv." Die Berichte in dem Altenheim wurden geändert. Weg von Bewertungen hin zu genauen Beobachtungen. Was dafür benötigt wird, ist, sich einen Moment Zeit zu nehmen, und dann bereit zu sein, unter Umständen ein paar Wörter mehr zu gebrauchen. Für jedes Team-Mitglied ist dann klar, was genau passiert ist, und es braucht kein Nachfragen. Das spart Zeit, die jetzt für die Pflege genutzt werden kann. Die genauen Beobachtungen haben einen Beitrag zur Entspannung und zur Entlastung im Team geleistet.

Die nachstehenden Beispiele zeigen, wie Beobachtungen und Bewertungen vermischt werden und wie man sie voneinander trennen kann:

***Beispiele*:** **Beobachtung vermischt mit Bewertung**	***Beispiele*:** **Beobachtung getrennt von Bewertung**
1. Ich arbeite viel mehr als andere.	Im letzten Monat habe ich morgens um 7 Uhr angefangen und bin abends bis 18 Uhr geblieben.
2. Herr Schmidt schiebt die Dinge vor sich her.	Ich habe das Protokoll unseres Team-Meetings von Herrn Schmidt vier Wochen nach dem Termin erhalten.
3. Wir haben eine hohe Fluktuation in unserer Abteilung.	Im letzten Jahr haben uns drei Mitarbeitende verlassen und der vierte hat gestern gekündigt.
4. Immer kommen Sie zu spät.	Bei unseren letzten drei Terminen kamen Sie 15 Minuten nach dem vereinbarten Zeitpunkt.
5. Sie sind unzuverlässig, das wird Konsequenzen haben.	Wir hatten abgesprochen, dass ich die Unterlagen bis 15 Uhr bekomme. Jetzt ist es 16:30 Uhr.
6. Ihre Präsentation war super.	Mir hat gefallen, dass Sie bei Ihrer Präsentation unsere Produkte gezeigt haben.

Im ersten Beispiel vergleicht sich die Person mit anderen Personen. Wenn ein Mitarbeiter Ihnen sagen würde: „Ich arbeite viel mehr als andere." Wüssten Sie dann, was er genau meint? Es bleibt unklar. Sie wissen nicht, was genau die Zahlen, Daten, Fakten sind. Wir vergleichen häufig und es ist schwer, das abzustellen. Doch Vergleichen ist nicht nur trennende Sprache, sondern trennt uns tatsächlich voneinander. Rosenberg sagte einmal: „Vergleichen Sie sich mit anderen und Sie bekommen schlechte Laune." Denn wenn Sie vergleichen, kommen Sie nicht mit Ihren Bedürfnissen in Kontakt.

Im zweiten Beispiel erfolgt eine Bewertung der anderen Person. „Herr Schmidt schiebt die Dinge vor sich her." Im direkten Dialog könnte die Botschaft lauten: „Sie schieben die Dinge vor sich her." Würden Sie noch gerne zuhören, wenn Ihnen jemand so etwas sagt? Glauben Sie, wenn Sie eine andere Person bewerten oder ihr sagen, was sie gerade falsch macht, dass dieser Mensch dann noch Lust oder Freude daran hat, Ihre Bedürfnisse zu erfüllen oder Ihnen zu folgen? Wahrscheinlich nicht. Aus diesem Grunde ist es wichtig, das Gespräch mit einer reinen Beobachtung zu starten.

Im dritten Beispiel hören Sie von einer „hohen Fluktuation". Was ist eine hohe Fluktuation? Sie bekommen mit dieser Aussage kein klares Bild. Jeder definiert jetzt selbst in seinen eigenen Gedanken, was eine hohe Fluktuation ist. So können Missverständnisse in der Kommunikation entstehen, ohne dass es jemand merkt, da jede Seite glaubt, das richtige Bild zu haben.

Im vierten Beispiel kommt das Reizwort „immer" vor. Machen Sie sich bewusst: Wenn Sie „immer" sagen, dann handelt es sich meist um alten Ärger, der bisher nicht ausgedrückt wurde. (Siehe Kapitel Ärger)

Das fünfte Beispiel lautet: „Sie sind unzuverlässig, das wird Konsequenzen haben." Androhung von Strafe ist trennende Kommunikation. Selbst wenn Sie kurzfristig erreichen, dass die angesprochene Person das tut, was Sie möchten, hat es wahrscheinlich negative Konsequenzen in anderen Situationen. Sie werden vielleicht in diesem Moment Ihre Macht ausspielen können, aber was bedeutet das für die Zusammenarbeit und das Gesamtziel?

Beim sechsten Beispiel fragen Sie sich sicherlich, warum der Satz „Ihre Präsentation war super" in eine Beobachtung übersetzt wird. Sie denken: „Das ist doch toll, wenn Sie ein Lob bekommen oder jemanden loben. Das motiviert doch!" In der Wertschätzenden Kommunikation gibt es jedoch einen Unterschied zwischen Lob und Wertschätzung. Wenn Sie jemandem sagen, was er toll macht, stellen Sie sich über ihn. Wenn Sie loben oder tadeln, dann haben Sie automatisch eine erhöhte Position, denn Sie definieren, was gut und was richtig ist. Es ist eine größere Bereicherung für Menschen zu hören, was genau an dem, was sie getan haben, zu Ihrer Freude beigetragen hat. Mehr dazu siehe Kapitel 19. Aus Dr. Marshall Rosenbergs Buch „Gewaltfreie Kommunikation" möchte ich noch einen Ausschnitt aus dem Song von Ruth Bebermeyer zitieren, der das Thema Beobachtungen und Bewertungen meiner Meinung nach auf den Punkt bringt:

> Ich habe noch nie einen faulen Mann gesehen,
> ich habe schon mal einen Mann gesehen,
> der niemals rannte, während ich ihm zusah,
> und ich habe schon mal einen Mann gesehen,
> der zwischen Mittag- und Abendessen manchmal schlief
> und der vielleicht mal zu Haus blieb an einem Regentag,
> aber er war kein fauler Mann.
> Bevor du sagst, ich wär' verrückt,
> denk' mal nach, war er ein fauler Mann oder hat er nur Dinge getan,
> die wir als „faul" abstempeln?
> Ich habe noch nie ein dummes Kind gesehen:
> Ich habe schon mal ein Kind gesehen,
> das hin und wieder etwas gemacht hat, was ich nicht verstand,
> oder etwas anderes gemacht hat, als ich geplant hatte,
> ich habe schon mal ein Kind gesehen, das nicht dieselben Orte kannte wie ich,
> aber das war kein dummes Kind.
> Bevor du sagst, es wäre dumm,
> denk' mal nach, war es ein dummes Kind oder hat es einfach nur andere Sachen gekannt als du?

An dieses Lied denke ich oft, wenn ich ein schnelles Urteil fälle, und dieses Lied hat mich in den Anfangszeiten der Wertschätzenden Kommunikation immer wieder daran erinnert, anders zu reagieren, als ich es gewohnt war, sowohl beruflich als auch privat. Ich bedaure heute, dass ich hin und wieder bei meinem ältesten Sohn die Bewertung „faul" gebraucht habe, wenn er etwas anderes tat, als für die Schule zu lernen. Meine Kinder haben mir gezeigt, was ihre Gefühle und Bedürfnisse sind, und heute gehe ich anders damit um. Ich kann vieles von ihnen lernen, zum Beispiel mir Zeit zu nehmen für Dinge, die mir wichtig sind und am Herzen liegen. Die Wertschätzende Kommunikation war und ist für mich eine Wende um 180 Grad in meiner Haltung mir selbst und anderen Menschen gegenüber. Dafür bin ich heute sehr dankbar.

6.2.1 Übung: Beobachtung von Bewertungen trennen

In der folgenden Übung können Sie überprüfen, ob es sich bei den Aussagen um eine Beobachtung oder eine Bewertung handelt. Kreuzen Sie an, ob Sie die Aussagen für eine Beobachtung oder eine Bewertung halten.

Nr.	Beispiel	Beobachtung	Bewertung
1	Sie sind eine ausgezeichnete Mitarbeiterin.		
2	Während der Präsentation wurden zwei Kundenfragen von Kollegen beantwortet.		
3	Sie haben mich nicht ausreden lassen.		
4	Sie haben den Kunden falsch beraten.		
5	Bei uns wird alles nach Polen verlagert.		
6	Bei unseren letzten drei Sitzungen kamen Sie 15 Minuten nach dem vereinbarten Termin.		
7	Unsere Mitarbeitergespräche finden nie statt.		
8	Der Kunde beschwerte sich am Telefon.		
9	Der Kunde rief bei mir an und sagte: „Frau Schneider hat mich falsch beraten.“		
10	Wir haben eine hohe Fluktuation in unserer Abteilung.		

Zu 1: Ich stimme mit Ihnen überein, wenn Sie Bewertung angekreuzt haben. Ich halte „ausgezeichnet“ für eine Bewertung (Lob).

Zu 2: Ich stimme mit Ihnen überein, wenn Sie Beobachtung angekreuzt haben.

Zu 3: Ich stimme mit Ihnen überein, wenn Sie Bewertung angekreuzt haben. Wahrscheinlich spielt in einer solchen Aussage stark der Tonfall mit. Es geht ferner nicht daraus hervor, wie beobachtet wurde, dass jemand eine andere Person nicht ausreden lässt. Bei einer Beobachtung könnte ich mir folgenden Wortlaut vorstellen: „Während ich sprach, haben Sie zwei Mal den Vorsitzenden gebeten, Ihren Standpunkt mitteilen zu können.“ Oder: „Mitten in meinem Satz haben Sie mir eine Frage gestellt.“

Zu 4: Ich stimme mit Ihnen überein, wenn Sie Bewertung angekreuzt haben. „Falsch beraten“ ist eine Bewertung. Wie stellen Sie eine falsche Beratung fest?

Zu 5: Ich stimme mit Ihnen überein, wenn Sie Bewertung angekreuzt haben. „Alles wird verlagert“ ist eine Bewertung, „alles“ zudem eine Verallgemeinerung. Es könnte lauten: „Der Bereich xy wird verlagert.“ Oder: „Unsere gesamte Firma wird nach Polen verlagert.“

Zu 6: Ich stimme mit Ihnen überein, wenn Sie Beobachtung angekreuzt haben.

Zu 7: Ich stimme mit Ihnen überein, wenn Sie Bewertung angekreuzt haben. Bei einer Beobachtung könnte ich mir folgenden Wortlaut vorstellen: „Seit zwei Jahren hatte ich kein Mitarbeitergespräch mehr.“

Zu 8: Ich stimme mit Ihnen überein, wenn Sie Bewertung angekreuzt haben. Das Verb „beschweren“ ist bewertend. Bei einer Beobachtung könnte ich mir folgenden Wortlaut vorstellen: „Der Kunde sagte am Telefon, er habe zum zweiten Mal eine andere Ware von uns bekommen, als er bestellt hat.“

Zu 9: Ich stimme mit Ihnen überein, wenn Sie Beobachtung angekreuzt haben. Denn eine Mitarbeiterin zitiert den Kunden wörtlich.

Zu 10: Ich stimme mit Ihnen überein, wenn Sie Bewertung angekreuzt haben. „Hohe Fluktuation“ ist eine Bewertung. Bei einer Beobachtung könnte ich mir folgenden Wortlaut vorstellen: „Im vergangenen Jahr haben uns drei Mitarbeitende verlassen und der vierte hat gestern gekündigt.“

6.2.2 Beobachtung erfordert Ihre Bewusstheit

Überlegen Sie sich jetzt ein eigenes Beispiel. Eine Beobachtung erfordert Ihre eigene Bewusstheit. Als Unterstützung sage ich in Seminaren: Machen Sie sich in Situationen, in denen Sie eine reine Beobachtung formulieren möchten, zwei Dinge bewusst: Was beobachten Sie im Außen und was beobachten Sie in Ihrem Inneren an Gedanken.

1. Das erkennen, was im Außen geschieht. Beobachtungen sind ZDF‘s (Zahlen, Daten, Fakten). Stellen Sie sich wieder die Kamera vor. Was zeichnet sie auf? Sie kann nicht aufzeichnen: „Sie sind unpünktlich.“ Sie kann nur aufzeichnen, wie zum Beispiel jemand zu einer bestimmten Uhrzeit einen Raum betritt.

2. Das erkennen, was in Ihren Gedanken geschieht. Welche Bewertungen, Interpretationen und Urteile durch die Situation ausgelöst werden. Für mich ist es hier immer wieder hilfreich, mir eine „Innere Beobachterin“ vorzustellen. Sie hat die Aufgabe, meine Gedanken zu beobachten.

Ich nenne Ihnen ein weiteres Beispiel: Eine Kollegin spricht mich an und fragt: „Kannst du mir deine Unterlagen vom Seminar XY zur Verfügung stellen?“ In rasender Geschwindigkeit gehen Gedanken durch meinen Kopf, ein ganzer Film baut sich auf. Hier kommt meine „Innere Beobachterin“ zum Einsatz. Meine Gedanken – ich nenne es „mein Kopfkino“ – lauten in etwa so: „Warum braucht sie die Unterlagen? Was wird sie damit machen? Da gab es doch vor fünf Jahren den Fall, dass jemand 100 Kopien von meinen Unterlagen gemacht hat und für eigene Seminare benutzt hat! Nein, ich gebe niemals mehr was heraus usw.“

Die Beobachtung ist: „Meine Kollegin fragt, kannst du mir deine Unterlagen zum Seminar XY geben?“ Nicht mehr und nicht weniger, alles andere ist in meinem Denken entstanden. Es geht um die Unterscheidung, was ist eine Beobachtung und was sind Denkweisen.

6.3 Zweiter Schritt: Gefühl

Im zweiten Schritt der Wertschätzenden Kommunikation geht es darum, Gefühle wahrzunehmen. Gefühle sind auch im Arbeitsalltag entscheidend. Schlichtweg deshalb, weil alle Menschen Gefühle haben und sie uns und unsere Aufmerksamkeit in hohem Maße beeinflussen – bewusst oder unbewusst.

Wenn wir Gefühle nicht spüren oder unterdrücken, sind wir vom Leben abgeschnitten. Wenn Gefühle und Bedürfnisse keine Rolle spielen, verlieren wir die Verbindung zu uns selbst und zu einem wertschätzenden Umgang miteinander. Jeder Mensch möchte in seinen Anliegen gehört werden. Wenn das erfolgt, kann eine menschliche Unternehmenskultur entstehen. Gefühle sind Kräfte. Gleichzeitig sind sie ein Fenster, durch das man das eigene Leben und das der anderen Menschen in ihrer Vielfalt sehen kann.

Dennoch werden Gefühle gerne verschleiert und sind häufig unerwünscht – im Business ganz besonders. Um den Widerstand gegen Gefühle aufzulösen, hilft es, sich den Unterschied zwischen Gefühlen und Emotionen klarzumachen. Es wird anders aufgenommen, wenn Sie jemandem sagen, er sei emotional, als wenn Sie sagen, er sei ein gefühlvoller Mensch. Wenn sich Gefühle gemischt mit Gedanken spontan in Handlungen äußern, handelt es sich um Emotionen. Eine Emotion ist etwas Starkes, Impulsives und kaum Kontrollierbares. In einem emotionalen Moment, z.B. von Wut, würde man einem Menschen nicht zutrauen, eine Situation objektiv beurteilen zu können. Emotionen sind wie schlummernde Ladungen. Je mehr Gefühle unterdrückt werden, desto größer sind sie. Kommt es zu immer größeren Ansammlungen emotionaler Ladungen, steigt die Gefahr, dass es zu einer Explosion kommt. Das ist dann häufig der Grund, warum Menschen bei unbedeutenden Anlässen überreagieren.

Gefühle wiederum sind die Sprache Ihres Körpers. Sie sind der Schlüssel zu Ihren Bedürfnissen. Nehmen Sie Ihre Gefühle wahr und seien Sie dabei ehrlich zu sich selbst. Ob Sie Ihre Gefühle letztlich kommunizieren oder nicht ist noch einmal eine andere Frage. Aber spüren Sie sie, denn dadurch sind Sie mit sich und dem Leben verbunden. Gefühle sind zum Beispiel: Freude, Frustration, Ungeduld, Neugier.

Die Beziehungsebene, also die Wiedergabe von Gefühlen, Bedürfnissen, macht sechs Siebtel unserer Kommunikation aus. Wollen Sie das einfach ignorieren? Kopf und Herz werden zwar häufig voneinander getrennt, doch das ist meiner Meinung nach nicht haltbar. Kopf und Herz – Verstand und Gefühle: Beide Bereiche sind gleich wichtig, und sie stehen in enger Verbindung miteinander.

Gedanken sind die Sprache Ihres Geistes. Gefühle sind die Sprache Ihres Körpers. Verbindung zu sich selbst und zu anderen Menschen entsteht, wenn beide Seiten koexistieren und kooperieren – die Sach- und die Beziehungsebene. Beide Ebenen gemeinsam machen den ganzen Menschen aus.

In der Kommunikationsforschung wird diesen Erkenntnissen entsprechend das Eisbergmodell nach Sigmund Freud benutzt. Die sachliche Botschaft (also ein Siebtel) ist der Teil des Eisbergs, der aus dem Wasser herausschaut. Der Anteil auf der Beziehungsebene (sechs Siebtel der Kommunikation) sind die Gefühle, Bedürfnisse und Wünsche unter der Oberfläche.

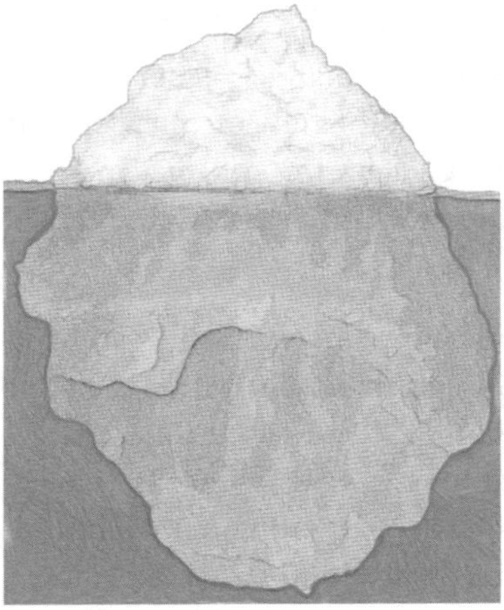

1/7: Sachebene
ZDF (Zahlen, Daten, Fakten)

6/7: Beziehungsebene
Gefühle, Emotionen, Bewertungen, Befürchtungen, Wünsche

Auf der Sachebene gibt es selten Probleme. Kommunikation wird dadurch schwierig, dass Menschen sich eben nicht auf der Sachebene verständigen. Sie würden es zwar gerne, aber sie können ihre Gefühle nicht nicht kommunizieren – Ihr Körper (Tonfall, Mimik, Gesten) sagt immer die Wahrheit, ob Sie es wollen oder nicht. In Unternehmen höre ich oft die Äußerung: „Wir wollen eine sachliche Kommunikation." Doch Gefühle sind der Sachlichkeit durchaus dienlich. Wenn Sie die Gefühle benennen können, die für Sie gerade eine Rolle spielen, dann wird Ihre Kommunikation klarer. Ihr Gegenüber muss Ihre Gefühle nicht selbst erraten und kann sich auf die Gesamt-Aussage konzentrieren. Botschaften, die ein Gefühl beinhalten, werden so zugleich als sachlich und als vollständig empfunden.

In Konflikten oder bei schwierigen Mitteilungen ist es ähnlich. Es wird Ihnen nicht gelingen, einen Konflikt auf der Sachebene zu lösen, der auf der Beziehungsseite entstanden ist. Genauso wenig werden Sie eine schwierige Botschaft auf der Sachebene vermitteln können, wenn auf der Beziehungsebene Gefühle wie Angst, Sorge oder Ärger vorhanden sind. Hier ein Beispiel: Ein Geschäftsführer kommuniziert an seine Mitarbeitenden: „Die Produktion wird nach Polen verlagert. Aber wir werden niemanden kündigen."

Hierbei wurde ausschließlich auf der Sachebene kommuniziert.

Soll jedoch auch die Gefühlsebene angesprochen werden, dann könnte sich der Wortlaut wie folgt anhören: „Die Produktion wird nach Polen verlagert. Sicherlich sind Sie besorgt, weil Ihnen Sicherheit wichtig ist und Sie wünschen sich eine ehrliche und offene Kommunikation und Vertrauen. Wir können Ihnen heute sagen, es wird keine Kündigungen geben. Unsere geplanten Maßnahmen sehen wie folgt aus ..."

Es braucht Mut und Vertrauen, Gefühle anzusprechen, doch nur so wird eine verbindende Kommunikation entstehen.

6.3.1 Gefühlswortschatz

Wenn ich an meine ersten Kontakte mit der Gewaltfreien Kommunikation denke, hatte ich kaum Gefühlswörter zur Verfügung. Ich habe sie gelernt wie eine neue Sprache. Jede Situation im Leben ist ein spannendes Übungsfeld, um sich selbst und seinen eigenen Gefühlen näher zu kommen und sich damit auf eine Verbindung zu sich selbst einzulassen. Das Leben bietet immer wieder neue Lernchancen, sich selbst zu erkennen. Denn nur wer sich selbst begegnet, kann anderen begegnen.

Worte, die Gefühle beschreiben, wenn Bedürfnisse erfüllt werden

Diese Liste und die Kategorisierung dienen Ihnen als Anregung. Die Liste kann durch Ihren individuellen Gefühlswortschatz erweitert werden.

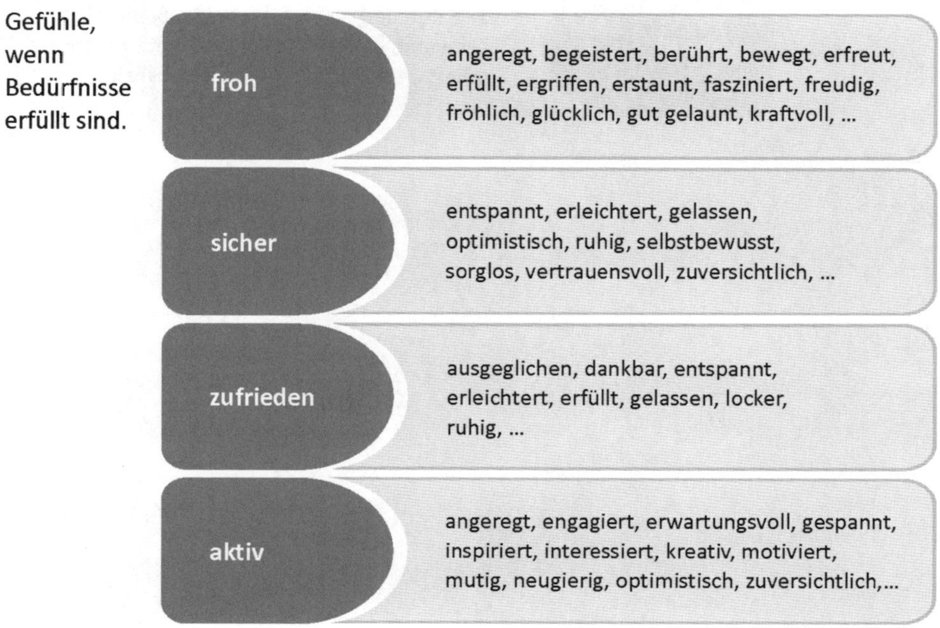

Worte, die Gefühle beschreiben, wenn Bedürfnisse nicht erfüllt werden

Diese Liste und die Kategorisierung dienen Ihnen als Anregung. Die Liste kann durch Ihren individuellen Gefühlswortschatz erweitert werden.

Gefühle, wenn Bedürfnisse nicht erfüllt sind.

ärgerlich	aggressiv, empört, frustriert, geladen, genervt, gereizt, irritiert, sauer, unzufrieden, wütend, zornig, ...
unter Druck	alarmiert, angespannt, aufgeregt, erschöpft, nervös, überlastet, ungeduldig, unruhig, unzufrieden, ...
erschöpft	angespannt, ausgebrannt, deprimiert, gelähmt, hoffnungslos, lustlos, müde, niedergeschlagen, traurig, ...
ratlos	betroffen, blockiert, gelähmt, hilflos, hin- und hergerissen, sprachlos, traurig, verwirrt, zögerlich, ...
besorgt	ängstlich, angespannt, bedrückt, beunruhigt, gehemmt, gelähmt, in Panik, orientierungslos, ruhelos, traurig, verzweifelt, zurückhaltend, ...

6.3.2 Unterscheiden Sie Gefühle von Nicht-Gefühlen

Gefühle zu benennen ist auch deshalb unbeliebt, weil sie in der Kommunikation häufig mit Nicht-Gefühlen, auch Pseudogefühle genannt, verwechselt werden. Nicht-Gefühle beinhalten Wertungen oder Schuldzuweisungen. Sie sagen nichts darüber aus, wie Sie sich fühlen, sondern wie Sie über eine andere Person denken. Mit einer Aussage eines Nicht-Gefühls, wie z.B. „Ich fühle mich ausgenutzt", interpretieren Sie das Verhalten einer anderen Person und denken: Es gibt jemand, der Sie ausnutzt. So geben Sie die Verantwortung für Ihre Gefühle ab und machen sich zum Opfer. Die andere Person hört einen versteckten Vorwurf oder denkt, sie sei verantwortlich für Ihre Gefühle. In unserem Alltag sind das geläufige Formulierungen, die zu einer trennenden Kommunikation führen.

Benutzen Sie Gefühlswörter, die keine Schuldzuweisungen und Wertungen enthalten. Auf diese Weise erreichen Sie eine verbindende Kommunikation.

Achtung ist schon geboten bei der Verwendung des Wortes „fühlen" in einem Satz. Wenn es verwendet wird, dann folgt meist kein Gefühl, sondern ein Gedanke bzw. ein Nicht-Gefühl:

„**Ich habe das Gefühl**, *ich werde hier ausgenutzt.*"

„**Ich fühle mich wie** *ein Versager.*"

„**Ich fühle mich, als ob** *ich gegen eine Wand laufe.*"

Lassen Sie die einleitenden Sätze einfach weg. Und sagen Sie stattdessen:
„**Ich bin** irritiert, sauer, frustriert, besorgt, freudig, überrascht ..." Denn nach dem Satzanfang „Ich bin ..." folgt meistens ein Gefühl.

Nicht-Gefühle	Gefühle mit Bedürfnissen verbunden
Ich habe das Gefühl, **dass mich niemand ernst nimmt**.	**Ich bin sauer**, weil ich mit meinen Anliegen gehört werden möchte.
Ich fühle mich **missverstanden**.	**Ich bin frustriert**, weil ich gerne in meinen Anliegen verstanden werden möchte.
Ich habe das Gefühl, **ausgenutzt** zu werden.	**Ich bin ärgerlich**, weil mir die Balance von Geben und Nehmen wichtig ist.

Hinter jedem Nicht-Gefühl liegt ein Gefühl. Wenn Sie denken, Sie werden nicht „ernst genommen", wie fühlen Sie sich dann? Sauer, wütend, irritiert?

Nicht-Gefühle verraten Ihnen Ihre Bedürfnisse. Hinter der Aussage: „Ich fühle mich nicht ernst genommen", liegt das Bedürfnis ernst genommen oder mit Ihrem Anliegen gehört zu werden. Wenn Sie sagen, „Ich fühle mich ausgeschlossen“, dann wünschen Sie sich Integration.

Nicht-Gefühle

Nicht-Gefühle sind Gedanken oder Gefühlswörter, die gemischt sind mit Bewertungen, Interpretationen und/oder Schuldzuweisungen:

abgelehnt	erniedrigt	übergangen
angegriffen	fehl am Platz	überlistet
angeschuldigt	feige	überrannt
attackiert	gedrängt	unbedeutend
ausgenutzt	gefangen	unerwünscht
bedrängt	gelangweilt	ungehört
bedroht	gemaßregelt	ungeliebt
beherrscht	gestört	unsichtbar
belästigt	getadelt	unterdrückt
beleidigt	gezwungen	unverstanden
belogen	hereingelegt	unwichtig
beschämt	hintergangen	unwürdig
beschuldigt	ignoriert	verlassen
betrogen	isoliert	verletzt
bevormundet	kleingemacht	vernachlässigt
deplatziert	manipuliert	verraten
dominiert	missbraucht	wertlos
eingeengt	schikaniert	
eingeschüchtert	schlecht behandelt	

Bei den Nicht-Gefühlen ist unser Bewusstsein mehr auf das Äußere und auf Äußerlichkeiten gerichtet. Wir konzentrieren uns darauf, was andere über uns denken oder was wir über andere denken, anstatt auf uns selbst.

Gefühlsworte sollen beschreiben, wie Sie sich wirklich fühlen und keine Beurteilung und Schuldzuweisungen anderer Menschen einschließen. Wenn Sie sagen: „Ich fühle mich missverstanden", dann drücken Sie im Grunde aus, dass Sie denken, dass der andere nicht in der Lage ist, Sie zu verstehen.

Übung: Unterscheidung Gefühle – Nicht-Gefühle

Kreuzen Sie an, wenn Sie der Meinung sind, dass es sich um ein Gefühl handelt.

Gefühl oder Nicht-Gefühl?	Es handelt sich um ein reines Gefühl
1. Ich bin froh.	
2. Ich bin entmutigt.	
3. Ich fühle mich manipuliert.	
4. Ich bin unter Druck.	
5. Ich bin irritiert.	
6. Ich fühle mich kompetenter als andere.	
7. Ich fühle mich im Stich gelassen.	
8. Ich bin besorgt.	
9. Ich fühle mich nicht einbezogen.	
10. Ich fühle mich völlig unverstanden.	

Ich stimme überein, wenn Sie wie folgt ausgewertet haben:

1. Gefühl
2. Gefühl
3. Nicht-Gefühl – es ist ein Gedanke, dass ein anderer Sie beeinflussen will. Wie könnte das Gefühl dahinter sein – z.B. unsicher?
4. Gefühl
5. Gefühl
6. Nicht-Gefühl – es ist ein Vergleich, kein Gefühl.
7. Nicht-Gefühl – es ist ein Gedanke und Sie machen den anderen für Ihre Gefühle verantwortlich. Vielleicht fühlen Sie sich einsam.
8. Gefühl
9. Nicht-Gefühl – es ist ein Gedanke. Sie möchten gerne mit einbezogen werden. Wenn das nicht geschieht, wie fühlen Sie sich dann? Vielleicht sauer oder frustriert?
10. Nicht-Gefühl – es ist ein Gedanke. Sie möchten gerne verstanden werden. Vielleicht sind Sie frustriert?

6.3.3 Emotionale Verstrickungen

Die Skepsis gegenüber Gefühlsbenennungen hat noch einen dritten Grund: Gefühle werden dazu benutzt, anderen die Verantwortung zu übertragen oder die Schuld zu geben. Dies geschieht sicherlich nicht bewusst. Es ist vielmehr eine Gewohnheit, die wir durch unsere Erziehung und von unserer Gesellschaft angenommen haben. Beispiele:

- „Ich bin verärgert, weil mein Mitarbeiter nichts auf die Reihe bekommt und zu spät in Meetings erscheint."
- „Das ist doch nicht meine Schuld. Ich hatte Anweisung von oben, so zu handeln."
- „Meine Chefin nervt mich, ständig will sie etwas anderes."
- „Er geht mir mit seiner Perfektion ziemlich auf die Nerven."
- „Es ärgert mich, wenn du dein Zimmer nicht aufräumst."
- „Ich bin unglücklich, wenn du so viel arbeitest."

Solche Sätze erscheinen uns nur allzu natürlich. Wir machen uns gar nicht bewusst, dass es sich hier um eine emotionale Verstrickung handelt. Emotionale Verstrickung bedeutet: „Ich bin für meine Gefühle nicht verantwortlich. Mein Gegenüber oder eine Situation zwingen mich zu meinen Gefühlen."

Merken Sie, wie Worte auf eine schuld-einflößende Art benutzt werden können? Auch in der Partnerschaft geschieht das schnell, wenn jemand zum Beispiel sagt: „Es macht mich traurig, dass du so wenig Zeit für mich hast." Man kann die Last förmlich spüren, die der eine Partner dem anderen mit diesem Satz auferlegt. Doch auch die Umkehrung: Ich bin glücklich, wenn du den Abend mit mir verbringst, macht den anderen verantwortlich für meine Gefühle. Auch wenn es sich positiv anhört, das ist das Gefährliche an der emotionalen Verstrickung – sie kann so angenehm klingen.

Es geht darum, dass wir die Verantwortung für unsere Gefühle übernehmen und nicht andere dafür verantwortlich machen.

In der Wertschätzenden Kommunikation trennen wir dafür den Auslöser und den Grund der Gefühle voneinander. Der Auslöser ist die Situation oder eine Person, die etwas zu uns sagt. Der Grund für Ihre Gefühle ist jedoch Ihr erfülltes oder unerfülltes Bedürfnis, nicht das Verhalten anderer Menschen. Anders gesagt: Menschen können ein Auslöser für Ihre Gefühle sein, sie sind aber niemals der Grund dafür.

6.3.4 Von der emotionalen Verstrickung zur Eigenverantwortung für Gefühle

Sie können niemanden für Ihre Gefühle verantwortlich machen. Umgekehrt können Ihre Mitmenschen Sie auch nicht für ihre Gefühle zur Verantwortung ziehen. Das schenkt Ihnen Freiheit. Eigenverantwortung für Gefühle zu übernehmen entlastet.

Gefühle sind die Gradmesser unserer Bedürfnisse. Sie zeigen uns an, ob unsere Bedürfnisse gerade erfüllt sind oder nicht. In der Wertschätzenden Kommunikation verbinden Sie Ihre Gefühle und Ihre Bedürfnisse. Im Sprachgebrauch könnte sich das wie folgt anhören:

Statt: „Ich bin verärgert, weil der Mitarbeiter nichts auf die Reihe bekommt."
⇢ „**Ich** ärgere mich, weil **mir** Effizienz wichtig ist."

Statt: „Ich bin glücklich, wenn du den Abend mit mir verbringst."
⇢ „**Ich** freue mich, weil **mir** Nähe wichtig ist."

In diesen Beispielen übernimmt die Person die Verantwortung für ihre Gefühle. Sie spricht in einer Ich-Botschaft. Wenn Sie von sich und Ihren Gefühlen sprechen, hat das „Du" bzw. das „Sie" (die Du-Botschaft) in einem Satz nichts zu suchen.

Also nicht:	„Ich ärgere mich, weil Sie ...."
Sondern:	„**Ich ärgere mich**, weil **mir** ... (Bedürfnis) wichtig ist."
Nicht:	„Ich bin frustriert, weil Sie sich nicht an Absprachen halten."
Sondern:	„**Ich bin frustriert**, weil **ich** mich auf Absprachen verlassen möchte."

Wenn Ihre Mitarbeiterinnen und Mitarbeiter oder Ihr Vorgesetzter Sie für ihre Gefühle verantwortlich machen möchten – bewusst oder unbewusst – ist es wichtig, dass Sie sich zuerst klarmachen, dass Sie nur ein Auslöser für die Gefühle der anderen Person sind. Dann können Sie die Sätze in eine Sprache übersetzen, die ausdrückt, dass die andere Person die Verantwortung für ihre Gefühle selbst übernimmt.

Sagt z.B. Ihr Vorgesetzter zu Ihnen: *„Ich bin verärgert, weil Sie sich nicht an die Vorgehensweise gehalten haben."* – so übernimmt der Vorgesetzte keine Verantwortung für seine eigenen Gefühle. Sie könnten dann wie folgt übersetzen: *„Sie sind irritiert, weil Sie Klarheit brauchen, aus welchem Grund ich mich für eine andere Vorgehensweise entschieden habe?"*

Es ist gut zu sehen, dass Sie für Ihre Gefühle genauso verantwortlich sind wie für Ihre Gedanken. Es sind nicht die äußeren Umstände, die Sie ärgerlich, glücklich oder traurig machen, es ist die Art und Weise, wie Sie darauf reagieren:

Wenn Sie Gäste einladen und haben ein 5-Gänge Menü gekocht, das pünktlich um 20 Uhr serviert werden kann, und die Gäste kommen eine halbe Stunde später – dann löst das vermutlich Ärger in Ihnen aus, weil Sie sich Verlässlichkeit wünschen. Sind Sie aber selbst spät dran und haben das Essen noch nicht fertig, dann sind Sie wahrscheinlich über die Verspätung erleichtert, weil Sie mehr Zeit und Ruhe für die Vorbereitung haben.

Übung: Bitte entscheiden Sie sich mit Ja oder Nein, ob ein Gefühl ausgedrückt wird und ob der Sprecher die Verantwortung für die Gefühle übernimmt.

Nr.	Beispiel	Wird ein Gefühl ausgedrückt? Ja/Nein	Wird Verantwortung für das Gefühl übernommen? Ja/Nein
1	Ich habe das Gefühl, hier macht jeder, was er will.		
2	Ich bin ärgerlich, weil Sie zu spät kommen.		
3	Ich freue mich, dass mir die Präsentation gelungen ist.		
4	Ich fühle mich ausgenutzt, da ich ständig länger bleiben muss.		
5	Ich bin erleichtert darüber, dass die Veranstaltung, für die ich verantwortlich war, gelungen ist.		
6	Ich bin erfreut über die Ergebnisse, die ich in diesem Jahr erreicht habe.		
7	Ich fühle mich wertlos, weil ich nicht ernst genommen werde.		
8	Ich fühle mich übergangen, weil ich keine Informationen von meinem Chef bekomme.		
9	Ich bin zufrieden, weil ich meine Ziele erreicht habe.		
10	Ich bin glücklich, weil du mit mir den Abend verbracht hast.		

Zu 1: Bei Nein stimme ich mit Ihnen überein – es wird kein Gefühl ausgedrückt. „Hier macht jeder, was er will" halte ich für kein Gefühl, sondern es kommt zum Ausdruck, was der Sprecher über andere Personen denkt. Wie fühlt sich der Sprecher, wenn er denkt, hier macht jeder, was er will? Vielleicht besorgt, ärgerlich .... Da kein Gefühl ausgedrückt wird, kann auch keine Verantwortung für das Gefühl übernommen werden.

Zu 2: Bei Ja stimme ich Ihnen zu, dass ein Gefühl ausgedrückt wird, jedoch keine Verantwortung für das Gefühl übernommen wird. „Ich bin ärgerlich, weil Sie ..." Hier übernimmt die Sprecherin keine Verantwortung für ihre Gefühle, sonst wäre der Wortlaut z.B: „Ich bin ärgerlich, weil mir Effizienz wichtig ist."

Zu 3: Bei Ja stimme ich mit Ihnen überein – es kommt ein Gefühl zum Ausdruck und es wird die Verantwortung übernommen.

Zu 4: Bei Nein stimme ich mit Ihnen überein – es wird kein Gefühl ausgedrückt und keine Verantwortung übernommen. „Ich fühle mich ausgenutzt" sagt etwas darüber, wie die Sprecherin über das Tun anderer Personen denkt. Wie fühlt sich die Sprecherin, wenn sie denkt, hier werde ich ausgenutzt? Vielleicht ratlos oder ärgerlich? Das Wörtchen „ständig" weist auf alten Ärger hin. (Siehe Ärgerprozess)

Zu 5: Bei Ja stimme ich mit Ihnen überein, dass ein Gefühl ausgedrückt und die Verantwortung übernommen wird.

Zu 6: Bei Ja stimme ich mit Ihnen überein, dass ein Gefühl ausgedrückt wird und die Verantwortung übernommen wird.

Zu 7: Bei Nein stimme ich mit Ihnen überein, dass kein Gefühl ausgedrückt wird. „Ich fühle mich wertlos" halte ich für einen zerstörerischen Gedanken, wie Menschen sie häufig denken. Der Sprecher übernimmt keine Verantwortung für seine Gefühle. Er könnte z.B. sagen: „Ich bin ärgerlich, weil ich gerne ernst genommen werden möchte."

Zu 8: Bei Nein stimme ich mit Ihnen überein, dass kein Gefühl ausgedrückt wird und keine Verantwortung übernommen wird. „Ich fühle mich übergangen" drückt aus, wie ich über eine andere Person denke. Es gibt jemanden, der mich übergeht. Vielleicht ist der Sprecher ärgerlich, weil er Informationen braucht.

Zu 9: Bei Ja stimme ich mit Ihnen überein, dass ein Gefühl ausgedrückt und die Verantwortung übernommen wird.

Zu 10: Es wird ein Gefühl ausgedrückt, jedoch keine Verantwortung übernommen. Sie übernimmt die Verantwortung, wenn sie sagen würde: „Ich bin glücklich, weil ich den Austausch schätze."

6.3.5 Haben wir Einfluss auf unsere Gefühle?

Wir können unsere Gefühle beeinflussen, indem wir die Qualität unseres Bewusstseins, unserer Gedanken überprüfen. Übernehmen Sie Selbstverantwortung. Lassen Sie sich nicht beherrschen von dem, was andere für richtig und für falsch halten. Lassen Sie sich ebenso wenig beherrschen von Ihren eigenen negativen Gedanken.

Gefühle hängen mit Ihren Gedanken zusammen, und zwar in beide Richtungen: Ein Gedanke kann ein Gefühl auslösen und ein Gefühl löst Gedanken aus. Beobachten Sie Ihr Denken, wenn Sie sich das nächste Mal ärgern. Sie werden den Zusammenhang erkennen. Wenn Sie sich bewusst sind, dass Sie Ihre Gedanken und die damit verbundenen Gefühle beobachten können, dann durchschauen Sie das Spiel und können die Verantwortung für Ihre Gefühle übernehmen. Dann hat kein anderer Mensch mehr die Macht über Ihre Gefühle. Machen Sie sich der Verantwortung für Ihr Erleben und Ihre Gefühle bewusst, dann sind Sie die Gestalterin bzw. der Gestalter Ihres Lebens.

6.3.6 Authentizität erwünscht oder doch lieber nicht

Jetzt fragen Sie sich vielleicht, ob Sie sich nicht zu verletzlich zeigen, wenn Sie Ihre Gefühle mitteilen, gerade am Arbeitsplatz. Ich stimme Ihnen zu: Wenn Sie Ihre Gefühle aussprechen, zeigen Sie sich authentisch und vielleicht auch verletzlich. Aber ist es nicht gerade das, was uns Menschen miteinander in Verbindung bringt? Und es geht darum, Freude genauso zum Ausdruck zu bringen wie Ärger.

Eine der am häufigsten gestellten Fragen auf der Welt ist zum Beispiel: „Wie geht es dir?" Und wie wird diese Frage beantwortet? Meistens doch nur mit der Floskel „gut". Wer will wirklich wissen, wie es Ihnen geht? Und wie viel Zeit bräuchten Sie, um diese Frage aufrichtig zu beantworten?

Wenn Sie nicht der Top-Entscheider in Ihrem Unternehmen sind, dann sagen Sie sich vielleicht jetzt: „Das müsste doch von oben gelebt werden, die Treppe fängt man oben an zu wischen!" Ich gebe Ihnen recht. Doch nicht in jedem Unternehmen gibt es eine Kultur von offener Kommunikation. Sie können nur bei sich selbst anfangen. Fragen Sie sich, was Sie möchten! Sie können ehrlich zu sich selbst sein, die eigenen Gefühle erkennen und zulassen. Sie können sich Entschleunigung erlauben und sich die Zeit nehmen Ihre Gefühle zu spüren, um sich mit dem eigenen Leben zu verbinden. Sie können sich und Ihre erfüllten oder nicht erfüllten Bedürfnisse ansehen und in die Handlung kommen, die Ihrer Lebensverschönerung dient.

Wenn Sie Ihre Gefühle fühlen, heißt das übrigens noch lange nicht, dass Sie diese Gefühle auch immer kommunizieren müssen. Die Psychoanalytikerin Ruth Cohn hat einmal gesagt: „Alles, was du sagst, sollte wahr sein. Aber nicht alles, was wahr ist, muss gesagt werden."

Vielleicht braucht das Aussprechen von Gefühlen Schutz, Sicherheit und Vertrauen, das im Moment nicht vorhanden ist. Dann kommunizieren Sie Gefühlsworte, die für Sie stimmig sind. Dafür ist häufig das Wort „irritiert" geeignet. Überlegen Sie sich einen Gefühlswortschatz, der für Sie in Ihrem Business-Alltag authentisch klingt. Oder umschreiben oder verallgemeinern Sie Gefühle:

- „Das kann schon Angst machen."
- „Da bin ich einfach vorsichtig."
- „Das löst sicherlich Irritation aus."
- „Das ist schwierig, da kann man schon deprimiert sein."
- „Stellen Sie sich das nicht auch frustrierend vor?"
- „So eine Umstrukturierung kann schon Angst erzeugen.
- „Da hat doch jeder Sorge."
- „Da kann man schon frustriert sein."

Vorsicht allerdings mit dem allzu häufigen Gebrauch des Wörtchens „man". Verallgemeinernde Redewendungen sind häufig sprachliche Ausweichmanöver, bei denen sich jemand hinter der „öffentlichen Meinung" verstecken möchte und gleichzeitig verschleiert, was er wirklich denkt oder fühlt.

6.4 Dritter Schritt: Bedürfnis

Bedürfnisse sind universell. Alle Menschen haben Bedürfnisse. Bedürfnisse sind nicht an eine Zeit, einen Raum, einen Ort oder an eine Person gebunden. Bedürfnisse können auf mehrere Arten und Weisen erfüllt werden. Wie wichtig einem Menschen das eine oder andere Bedürfnis ist, hängt von der momentanen, individuellen Situation und der daraus resultierenden Bedürfnis-Hierarchie ab. Um Ihren Bedürfnissen auf den Grund zu gehen, können Sie sich fragen: „Was brauche ich im Hier und im Jetzt?“

Wenn Sie gerade Hunger haben, dann ist das Bedürfnis nach Nahrung am vordergründigsten. Wenn Sie vor einer wichtigen Entscheidung stehen, dann brauchen Sie vielleicht Klarheit (Informationen, Details), um diese Entscheidung treffen zu können. Sind Sie mit Ihren Gedanken ganz woanders, z.B. bei Ihrem Kind, dann brauchen Sie vielleicht Sicherheit, dass Ihr Kind gut zu Hause angekommen ist. Dann werden Sie eventuell erst zu Hause anrufen, sich Klarheit verschaffen, bevor Sie mit aller Aufmerksamkeit weiterarbeiten können. Ihre Gefühle unterstützen Sie dabei, die Bedürfnisse zu entdecken, die Ihnen gerade wichtig sind. Das braucht Übung und vielleicht am Anfang eine Zeit der Entschleunigung.

Im Kapitel Gefühle haben Sie erfahren, dass die Gefühle eng mit Bedürfnissen verbunden sind. Das heißt, wenn Bedürfnisse erfüllt sind, entstehen Gefühle wie z.B. Freude oder Begeisterung. Sind unsere Bedürfnisse nicht erfüllt, werden Sie vermutlich ärgerlich, sauer oder frustriert sein.

Urteile, Kritik, Vorwürfe und Schuldzuweisungen sind dramatische Ausdrucksweisen unerfüllter Bedürfnisse. Deshalb möchte ich an dieser Stelle noch einmal darauf hinweisen: Ihre Gefühle wahrzunehmen ist ein sicherer und schneller Weg, Ihre Bedürfnisse zu erkennen.

Manchmal braucht es Zeit, das tatsächliche Bedürfnis zu finden. Manchmal finden wir hinter unseren Bedürfnissen weitere Bedürfnisse. Ganz wichtig ist an dieser Stelle die Unterscheidung von einem Bedürfnis und einer Strategie.

Wenn wir ein Bedürfnis mit einer Person, einem bestimmten Zeitpunkt oder einer speziellen Bedingung verbinden, sind wir bei einer Strategie angekommen, die wir in dem Moment für die einzige Möglichkeit halten, unser Bedürfnis zu erfüllen. Bei einer Handlungsstrategie gibt es nur einen einzigen Weg zur Erfüllung. Somit steckt in den Handlungsweisen auch Konfliktpotenzial – denn was machen wir, wenn die einzige Tür, die wir sehen können, verschlossen ist? Wenn es uns gelingt, auf die Bedürfnisebene zu schauen, gibt es immer wieder die Möglichkeit, alternative Handlungsmöglichkeiten/Strategien zu finden, mit denen wir die Bedürfnisse aller Beteiligten erfüllen können. Das ist ein wichtiger Punkt bei Konfliktklärungen.

Strategien und Handlungsweisen sind selbstverständlich wichtig – sie sind jedoch erst der Schritt, der nach der Klärung der Bedürfnisse erfolgt. Wichtig ist, dass wir diese beiden Schritte unterscheiden können.

Ich gebe ein einfaches Beispiel, um die Trennung zwischen Bedürfnis und einer Strategie/Handlung klarzumachen:

Eine Chefin sagt zu ihrem Mitarbeiter: „Mein Bedürfnis ist es, dass Sie um 9 Uhr anfangen zu arbeiten." Es ist eben kein Bedürfnis, dass ein Mitarbeiter um 9 Uhr zu arbeiten beginnt. Es ist eine Strategie, nämlich eine Bitte (vierter Schritt der Wertschätzenden Kommunikation).

Welches Bedürfnis steckt hinter „9 Uhr anfangen"? Die Bedürfnisse der Chefin könnten sein: Klarheit, Planbarkeit, Verlässlichkeit, Wertschätzung oder Teamgeist. – Das heißt natürlich nicht, dass Sie nicht fragen dürfen, ob jemand bereit ist, um 9 Uhr anzufangen. Sie müssen sich nur darüber im Klaren sein, dass es sich dabei eben um eine Bitte (Schritt 4) und nicht um ein Bedürfnis (Schritt 3) handelt.

Ein weiteres Beispiel:

Wenn Sie sich sagen: „Mein Bedürfnis ist es, hier zu arbeiten, weil ich damit mein Leben finanzieren kann", dann kann es schwierig werden oder Angst und Sorgen auslösen, wenn Sie glauben, dass das Bedürfnis nach wirtschaftlicher Sicherheit nur dieser eine Arbeitgeber erfüllen kann, für den Sie gerade tätig sind.

Es ist kein Bedürfnis „hier zu arbeiten", sondern eine Strategie. Das Bedürfnis ist vermutlich wirtschaftliche Sicherheit. Wenn Sie Ihre wirtschaftliche Sicherheit von einem Unternehmen abhängig machen, dann ist das nicht gerade leicht. Freier fühlen Sie sich, wenn Sie mehrere Strategien zur Auswahl haben, um Ihre Bedürfnisse nach wirtschaftlicher Sicherheit zu erfüllen. Ein Bedürfnis kann also mehrere Strategien finden, um erfüllt zu werden.

Ihr Leben bekommt mehr Leichtigkeit, wenn Sie diese unterschiedlichen Strategien sehen können, wenn mehrere Türen in die Zukunft führen. Wenn ich mich jedoch aus dem Bedürfnis nach finanzieller Sicherheit von einem Arbeitgeber abhängig gemacht habe, dann werde ich mich wahrscheinlich immer wieder über meinen Chef ärgern, wenn ich unter Druck stehe oder Stress habe ... und ich werde ihn für meine Gefühle verantwortlich machen, was dann unmittelbar in die trennende Kommunikation führt.

Ich habe die Erfahrung gemacht, dass die Wahrscheinlichkeit, einen Weg zur Erfüllung meiner Bedürfnisse zu finden, stark ansteigt, wenn ich über das spreche, was ich brauche und was mir am Herzen liegt. Es ist ein Paradigmenwechsel, wenn wir aufhören über das zu sprechen, was mit *anderen* Menschen nicht stimmt, und stattdessen mitteilen, was wir *brauchen.*

Ein Beispiel aus dem Beziehungsleben:

Die Ehefrau sagt zu ihrem Mann: „Du arbeitest zu viel." Am nächsten Tag kommt der Mann von der Arbeit nach Hause und sagt zu seiner Frau: „Ich habe mich im Golfclub angemeldet."

Dumm gelaufen für die Frau, wenn sie mit diesem Satz zum Ausdruck bringen wollte, dass sie Nähe, Zärtlichkeit und Verbindung braucht. Sie hat ihr Bedürfnis nicht mitgeteilt und keine klare Bitte geäußert. Nun spielt er Golf und sie sitzt weiterhin allein zu Haus. – Was hätte sie sagen können?*

Beobachtung	„In dieser Woche bist du drei Mal um 22 Uhr nach Hause gekommen.
Gefühl	Ich bin frustriert,
Bedürfnis	weil mir Nähe wichtig ist.
Bitte	Ich wünsche mir gemeinsame Zeit mit dir. Bist du bereit, dass wir drei Mal in der Woche gemeinsam um 19 Uhr essen?"

Durch die Formulierung von Bedürfnissen sind Sie in einer positiven Sprachwelt und Sie sind mit dem verbunden, was Sie brauchen. Sie haben erheblich größere Chancen auf die Erfüllung Ihrer Bedürfnisse ... und Menschen erfüllen Ihnen viel lieber Bedürfnisse, wenn sie erfahren, wie sie einen konkreten Beitrag zu Ihrer Lebensverschönerung leisten können.

Vergessen Sie nicht: Niemand kann Ihre Gedanken lesen. Wie schwierig muss es für Ihr Gegenüber sein, Ihre Bedürfnisse zu erkennen, wenn es für Sie schon schwierig ist, diese zu formulieren und auszudrücken?

Wie kann in unserem Beispiel das Bedürfnis nach Verbindung erfüllt werden? Hier gibt es viele Möglichkeiten. Sie können sich für einen gemeinsamen Abend verabreden oder in der Mittagspause zusammen essen. Vielleicht gibt es auch eine Handlungsmöglichkeit, die gemeinsame Zeit einmal anders zu nutzen als bisher.

Vielleicht stehen hinter dem Bedürfnis nach Verbindung auch noch andere Bedürfnisse, die Sie erforschen können: Bedürfnisse nach Austausch, Liebe, Zärtlichkeit oder Wertschätzung.

Wenn Sie sich jetzt fragen: „Wen interessieren in einem Unternehmen denn schon die Bedürfnisse?" Dann möchte ich mit einer Gegenfrage antworten: „Hat Sie schon einmal jemand im Unternehmen nach Ihren Bedürfnissen gefragt?" Oder andersherum:

---

* Bitte beachten Sie bei diesem und den folgenden Beispielen, dass es mir wichtig ist, die Schritte deutlich zu machen. Aus diesem Grunde kann die Sprache sich für Sie künstlich anhören. Authentizität ist in der Sprache wichtig – finden Sie deshalb bitte Ihre eigenen Worte!

„Haben Sie als Führungskraft schon einmal versucht, bei Ihren Mitarbeitenden die Bedürfnisse hinter den Strategien zu entdecken? Nein?“ Dann fragen Sie sich doch einmal, welchen Gewinn Sie daraus ziehen könnten, wenn Sie die Bedürfnisse Ihrer Mitarbeiter/innen, Vorgesetzten und Kunden kennen würden.

Um die häufig unausgesprochenen Bedürfnisse klarer zu erkennen, möchte ich Ihnen folgende Beispiele geben. Sie zeigen, wie viel klarer es wäre, wenn die Bedürfnisse benannt und Handlungsalternativen angeboten werden:

Frau S. sagt zu ihrer Chefin: „Ich werde die Präsentation nicht halten.“

Wenn Frau S. Gefühle und Bedürfnisse klar ansprechen würde, könnte das so lauten: „Wenn ich an den Umfang der Themen denke (Beobachtung), bin ich unsicher (Gefühl) und brauche Unterstützung (Bedürfnisse). Ist es für Sie in Ordnung, wenn ich Herrn XY bitte, sein Themengebiet selbst zu präsentieren (Bitte)?“

Die Chefin sagt zu ihrem Mitarbeiter: „Ich kann mich nie auf Sie verlassen!“

Nach den vier Schritten könnte sie sagen (es ist 17 Uhr): „Wir hatten vereinbart, dass ich die Unterlagen bis 15 Uhr bekomme (Beobachtung). Ich bin irritiert (Gefühl), weil ich mich auf Absprachen verlassen möchte (Bedürfnis nach Verlässlichkeit). Bitte informieren Sie mich, wenn Sie den Abgabetermin nicht einhalten. (Bitte)“

Die Mitarbeiterin sagt zu ihrer Kollegin: „Sie kommen immer zu spät und ich mache die ganze Arbeit.“

Nach den vier Schritten könnte sie sagen: „Sie beginnen täglich um 10 Uhr, das Büro soll ab 8 Uhr besetzt sein (Beobachtung). Ich bin frustriert (Gefühl), weil ich auch gerne flexibel (Bedürfnis) sein möchte. Ist es o.k., wenn Sie nächste Woche um 8 Uhr anfangen, damit ich um 10 Uhr kommen kann (Bitte)?“

Seine eigenen Bedürfnisse und die der anderen zu sehen beeinflusst die Qualität des Miteinanders. Wenn deutlich kommuniziert wird, entstehen Klarheit, Effizienz und gegenseitige Wertschätzung.

6.4.1 Grundlegende Bedürfnisse

Alles, was Menschen tun, tun sie aus einem Grund: Sie erfüllen sich mit ihren Handlungen Bedürfnisse. Erfüllte Bedürfnisse machen die Welt für alle reicher.

Hier stelle ich Ihnen eine Auswahl von Bedürfnissen vor, die Semiarteilnehmer/innen immer wieder sehr wichtig sind. Im Anhang finden Sie eine ausführlichere Liste, eingeteilt nach Kategorien. Diese Liste können Sie nutzen, um Ihren Bedürfniswortschatz zu erweitern.

Bedürfnisliste

Abwechslung	Gemeinschaftssinn – Teamgeist	Partnerschaftlicher Umgang
Aktivität	Gleichberechtigung	Planbarkeit
Anerkennung	Gleichwertigkeit	Privatsphäre
Akzeptanz	Harmonie	Respekt
Aufrichtigkeit	Humor	Ruhe
Austausch	Individualität	Rücksichtnahme
Authentizität	Identität	Schutz
Autonomie – Selbstbestimmung	Information	Selbstbestimmung
Balance von Arbeit und Freizeit	Inspiration	Selbstverantwortung
Balance von Geben und Nehmen	Integrität	Selbstvertrauen
Balance Sprechen und Zuhören	Klarheit	Selbstverwirklichung
Bewegung	Klima von Offenheit	Sicherheit
Bildung/Weiterbildung	Kompetenz	Sinnhaftigkeit
Effektivität	Kongruenz	Schutz
Ehrlichkeit	Kontakt	Spaß
Empathie	Konzentration	Soziales Engagement
Engagement	Kooperation	Struktur
Entscheidungsfreiräume	Kraft	Toleranz
Entwicklung	Kreativität	Transparenz
Erfolg	Lebensfreude	Unterstützung
Ernst genommen werden	Lebenserhalt	Verantwortung
Fairness	Leichtigkeit	Verbundenheit
Feiern – Erfolge feiern	Liebe	Verlässlichkeit
Flexibilität	Macht mit	Verständnis
Freiheit	Menschenwürde	Vertrauen
Freude	Menschlichkeit	Vielfalt
Friede	Mitgestalten	Wahrgenommen werden
Geborgenheit	Mut	Weiterentwicklung
Gelassenheit	Nähe	Wertschätzung
Gemeinsam	Offenheit	Wirtschaftliche Sicherheit
Gesehen und gehört werden	Ordnung/Struktur	Ziele erreichen
Gelassenheit	Orientierung	Zufriedenheit
Gesundheit	Qualität	Zugehörigkeit

6.4.1.1 Übung: Übersetzen Sie die Sprachmuster in eine bedürfnisorientierte Sprache und ergänzen Sie sie durch Ihre eigenen Beispiele

Sprachmuster	Bedürfnisorientierte Sprache
Ich bin frustriert, weil Sie ...	Ich bin frustriert, weil **ich** Akzeptanz brauche.
1. Ich fühle mich unter Druck gesetzt, weil ich die ganze Arbeit erledigen muss.	
2. Es nervt mich, dass du so lange brauchst.	
3. Ich bin irritiert, weil Sie mir nicht zuhören.	
4. Es nervt mich, wenn in Besprechungen endlos diskutiert wird.	
5. Ich fühle mich bedrückt, weil der Chef über Arbeitsplatzabbau gesprochen hat.	
6. Ich fühle mich unwohl, da im Team ein so schroffer Umgangston herrscht.	
7. Ich bin frustriert, weil mir diese Tätigkeit keinen Spaß macht.	
8. Ich bin enttäuscht, weil ich hier nur übersehen werde.	
9.	
10.	

Mögliche Lösungen:

Zu 1: Ich bin sauer, weil **ich Klarheit** brauche, wie die Arbeit künftig aufgeteilt wird.

Zu 2: Ich bin ungeduldig, weil **ich** die **Zeit effektiv nutzen** möchte.

Zu 3: Ich bin irritiert, weil **ich** in meinem **Anliegen gehört werden** möchte.

Zu 4: Ich bin unter Druck, weil **mir Effektivität** wichtig ist.

Zu 5: Ich bin besorgt, weil **ich Sicherheit und Klarheit** brauche.

Zu 6: Ich bin frustriert, weil **mir** ein **Miteinander** und ein **wertschätzender Umgang** wichtig sind.

Zu 7: Ich bin frustriert, weil **ich** neue Herausforderungen brauche und mich **weiterentwickeln** möchte.

Zu 8: Ich bin frustriert, weil **ich** gerne mit meinem Einsatz **gesehen werden möchte.**

6.4.1.2 Übung: Bedürfnisse erkennen und Verantwortung für Gefühle übernehmen

Entscheiden Sie sich für „JA", wenn Sie davon ausgehen, dass der Sprecher die Verantwortung für seine Gefühle und Bedürfnisse übernimmt. Entscheiden Sie sich für „NEIN", übernimmt der Sprecher keine Verantwortung für seine Gefühle und Bedürfnisse.

Sprachmuster	Ja/Nein
1. Es ärgert mich, wenn Sie die Personalakten während der Mittagspause offen auf Ihrem Schreibtisch liegen lassen.	
2. Es frustriert mich, wenn Sie zu Meetings zu spät kommen.	
3. Ich freue mich, wenn ich mich darauf verlassen kann, dass Termine eingehalten werden.	
4. Ich ärgere mich, wenn Sie nicht die Aufgaben so erledigen, wie ich es Ihnen gesagt habe.	
5. Ich bin frustriert, weil meine Chefin immer wieder Termine verlegt und ich diese absagen muss.	
6. Ich bin froh, weil du für die Kinder sorgst.	
7. Ich freue mich, dass Ihnen das Projekt gelungen ist – das gibt mir Sicherheit für zukünftige Projekte.	
8. Ich bin dankbar für die Unterstützung.	
9. Dass Sie das Projekt so gut geplant haben, freut mich.	
10. Ich bin frustriert, weil ich mir Verlässlichkeit und Effizienz wünsche.	

Meine Antworten zur Übung:

Zu 1: Bei Nein stimme ich überein. Der Sprecher drückt mit diesem Satz aus, dass das Verhalten des anderen verantwortlich für seine Gefühle ist. Er teilt nicht mit, dass es ihm um Vertraulichkeit bzw. Achtsamkeit geht. Er hätte sagen können: „Wenn ich die Personalakten während Ihrer Mittagspause auf Ihrem Schreibtisch sehe, bin ich alarmiert, weil mir Vertraulichkeit wichtig ist. Ich bitte Sie, Personalakten im Schrank zu verschließen, wenn Sie das Büro verlassen. Einverstanden?“

Zu 2: Bei Nein stimme ich überein. Die Sprecherin drückt mit diesem Satz aus, dass das Verhalten des anderen verantwortlich für ihre Gefühle ist. Sie teilt nicht mit, dass ihr z.B. Klarheit (warum kommt jemand zu spät), Effizienz, Verlässlichkeit wie auch gemeinsame Absprache oder Wertschätzung der anderen wichtig sind.

Zu 3: Wenn Sie Ja sagen, stimme ich überein. Die Sprecherin übernimmt die Verantwortung für ihre Gefühle und ihre Bedürfnisse.

Zu 4: Bei Nein stimme ich überein. Die Sprecherin drückt mit diesem Satz aus, dass das Verhalten des anderen verantwortlich für ihre Gefühle ist. Sie teilt nicht mit, dass ihr z.B. Verlässlichkeit, Effizienz und Klarheit wichtig sind.

Zu 5: Bei Nein stimme ich überein. Die Sprecherin drückt mit diesem Satz aus, dass das Verhalten des anderen verantwortlich für ihre Gefühle ist. Sie teilt nicht mit, dass sie z.B. gesehen werden möchte (Bedürfnis) mit ihrem Einsatz, d.h. welche Zeit es letztendlich kostet, Termine zu koordinieren und dass ihr die Effizienz wichtig ist. Vielleicht fällt es ihr auch schwer, mit den Reaktionen der Gesprächspartner umzugehen.

Zu 6: Ich stimme bei Nein überein. Die Sprecherin sagt nichts über ihre Bedürfnisse, die erfüllt werden, wenn ihr Mann für die Kinder sorgt. Es könnten die Bedürfnisse nach Sicherheit, Leichtigkeit, Weiterentwicklung (persönlich/beruflich) erfüllt werden.

Zu 7: Wenn Sie Ja sagen, stimme ich überein. Der Sprecher übernimmt die Verantwortung für seine Gefühle und seine Bedürfnisse.

Zu 8: Wenn Sie Ja sagen, stimme ich überein. Der Sprecher übernimmt die Verantwortung für seine Gefühle und seine Bedürfnisse.

Zu 9: Wenn Sie Nein sagen, stimme ich überein. Um die Gedanken, Gefühle und Bedürfnisse auszudrücken, hätte die Sprecherin sagen können: „Als ich gestern das Projekt dem Vorstand vorgestellt habe und die Zustimmung zur Durchführung erhalten habe, bin ich erfreut gewesen. Das wird unsere Abteilung ein ganzes Stück weiterbringen. Danke für Ihren Einsatz als Projektverantwortliche.“

Zu 10: Wenn Sie Ja sagen, stimme ich überein. Die Sprecherin übernimmt die Verantwortung für ihre Gefühle und ihre Bedürfnisse.

6.5 Vierter Schritt: Bitte

Dieser vierte und letzte Schritt der Wertschätzenden Kommunikation beschäftigt sich damit, wie wir andere um etwas bitten können, damit sich unsere Lebens- und Arbeitsqualität verbessert. In diesem Schritt stellen Sie eine konkrete Bitte. Wenn Sie sagen, was Sie möchten, ist das etwas anderes, als wenn Sie sagen, was Sie nicht möchten.

Sie erinnern sich sicher an das Beispiel von der Frau, die zu ihrem Mann sagt: „Du arbeitest zu viel", und am nächsten Tag kommt er freudig nach Hause und erklärt: „Ich habe mich im Golfclub angemeldet."

Hier merken Sie den Unterschied ziemlich deutlich. Die Frau hätte beispielsweise sagen können: „Ich möchte dich bitten, dass wir zwei Abende in der Woche gemeinsam verbringen. Kannst du dir das vorstellen?"

Entsprechend erzählte mir Frau G. (Sekretärin) in einem Seminar, sie habe ihrer Chefin gesagt: „Ich möchte nicht, dass Sie mir abends nach 18 Uhr, wenn ich schon weg bin, noch Aufgaben auf meinen Schreibtisch legen." Daraufhin antwortete die Chefin: „Und ich brauche niemanden, der mir sagt, was ich zu tun oder zu lassen habe."

Ich gab Frau G. zu bedenken, dass es eben einen Unterschied macht, ob sie ausdrückt, was sie möchte, oder ob sie sagt, was sie nicht möchte.

Vermutlich hätte ihre Chefin freundlicher reagiert, wenn sie eine positive Handlungsbitte gehört hätte – zum Beispiel: „Bitte können wir die Anliegen und die Aufgaben, die Sie für mich haben, gemeinsam um 17 Uhr besprechen?"

Ebenso wichtig ist, dass Sie Bitten konkret formulieren. Wenn Sie Ihre Mitarbeiterin bitten: „Ich möchte, dass Sie sich mehr einsetzen", dann ist das keine klare Bitte, die Sie konkret überprüfen können, und Ihre Mitarbeiterin weiß vermutlich auch nicht, was Sie genau damit meinen. Was passiert? Sie gehen beide von unterschiedlichen Dingen aus.

In meinen Workshops stelle ich gerne die Aufgabe: „Malen Sie bitte eine Kanne." Sehr selten werde ich gefragt, welche Kanne ich meine. Die Teilnehmenden malen einfach eine Kanne. Wenn ich mir dann die Bilder zeigen lasse, sehe ich die unterschiedlichsten Kannen. Milchkannen, Kaffeekannen, Teekannen, Gießkannen – dabei wollte ich doch eine Ölkanne.

Was ist passiert? Ich habe keine konkrete Bitte formuliert. Die Teilnehmer denken jedoch, sie hätten alles verstanden.

Bedenken Sie, dass bei vagen und abstrakten Bitten die Wunschvorstellungen und der Erfahrungsreichtum des Empfängers einfließen und das Ergebnis beeinflussen. Und letztendlich entscheidet der Empfänger, was ankommt.

Ich denke, das Beispiel zeigt ziemlich deutlich, was es – betriebswirtschaftlich gesehen – kosten kann, keine klaren Bitten zu stellen.

Dazu noch eine kleine Geschichte aus einem Workshop über Liebe und Beziehung mit Marshall Rosenberg. Eine Seminarteilnehmerin fragte Marshall Rosenberg, ob es eine Bitte ist, wenn sie zu ihrem Mann sagt: „Ich möchte, dass du mich mehr liebst." Rosenberg antwortete: „Bitten Sie genau um das, was Sie möchten. Was kann Ihr Ehemann tun, damit sich Ihr Bedürfnis nach Liebe erfüllt?" Teilnehmerin: „Das ist schwer zu sagen." Rosenberg: „Wenn es so schwierig ist, es auszudrücken, wie schwierig ist es dann erst, dieses Bedürfnis zu erfüllen." Teilnehmerin: „Wenn ich es mir genau überlege, dann möchte ich, dass er erraten kann, was ich möchte." Rosenberg: „Ich bin dankbar für Ihre Klarheit. Ich hoffe, Sie können jetzt erkennen, dass es unwahrscheinlich ist, jemanden zu finden, der Ihr Bedürfnis nach Liebe erfüllt."

In einem ähnlichen Fall teilte mir eine Assistentin in einem Coaching mit, dass sie ihre Kollegin gebeten habe (die zu ihrer Unterstützung eingestellt wurde), mehr Verantwortung zu übernehmen. „Ist das zu viel verlangt?" Ich schlug vor, dass wir gemeinsam schauen, wie sie genauer formulieren könnte, was sie mit „mehr Verantwortung" meint. Sie sagte: „Ich möchte, dass sie selbst erkennt, was hier zu tun ist." Ich hoffte, sie würde erkennen, dass es unwahrscheinlich war, dass die Kollegin ihre Bedürfnisse erraten konnte, und fragte nach konkreten Handlungen. „Gut, ich könnte ihr sagen, dass sie das Telefon umstellt, wenn sie aus dem Büro geht, und mir mitteilt, wenn sie das Büro verlässt. Aber im Grunde sieht es so aus, dass ich ihre Arbeit mit erledigen muss, weil ich selbst Abgabetermine habe, sonst fällt es auf mich zurück. Also übernehme ich die Verantwortung und gehe nicht nach Hause. Es gibt eben Menschen im Unternehmen, an denen der Kelch vorüberzieht und die den Tag damit verbringen, nur das Nötigste zu machen. Von mir wird erwartet, dass ich delegiere, und wenn ich das nicht kann, dann muss ich es eben selbst tun und kann nicht nach Hause gehen."

Durch all diese Aussagen wurde klar: Da war viel angestauter Ärger im Spiel! (Siehe Kapitel Ärger) Jenseits der Bewertungen fanden wir dann acht konkrete Bitten.

Es kann schwierig sein, klare Bitten zu formulieren. Aber denken Sie daran, um wie viel schwerer es für andere ist, auf Bitten zu reagieren, wenn uns selbst nicht einmal klar ist, was wir wollen.

Wie können Sie sicherstellen, dass Ihre Bitte genauso verstanden wird, wie Sie es meinen? Durch Rückkopplung. Fragen Sie nach. Denn: Gesagt ist noch nicht gehört. Gehört ist noch nicht verstanden. Und verstanden ist noch lange nicht einverstanden!

Bei Ihrer Frage können Sie eine Bitte stellen: „Bitte können Sie mir wiedergeben, was Sie verstanden haben, damit ich sicher bin, dass wir vom Gleichen reden."

Bei einem Satz wie: „Ich möchte, dass Sie sich mehr einsetzen", lautet die Frage dann: „Was bedeutet mehr Einsatz für Sie?" Formulieren Sie es konkret, z.B: „Bitte geben Sie mir Ihre Zusage, dass ich die Unterlagen morgen bekomme."

Ihre Bitte sollte im Hier und Jetzt überprüfbar sein. Wenn Sie möchten, dass ein Projekt beim nächsten Mal besser gelingt, dann hat es wenig Aussicht auf Erfolg, wenn Sie allgemein darum bitten, dass Sie möchten, dass das Projekt beim nächsten Mal besser läuft. Sie könnten jedoch fragen: „Was brauchen Sie, Herr B., damit wir beim nächsten Projekt zum Abgabetermin das Projekt abschließen können?" Das hat zwei Vorteile: Die Bitte kann im Jetzt und im Hier beantwortet werden und Sie nehmen Ihren Gesprächspartner mit in die Verantwortung.

Oft erlebe ich bei Führungskräften, dass der Glaube besteht, sie müssten eine fertige Lösung servieren. Wenn Sie jedoch Mitarbeitende um sich herum haben möchten, die selbstständig mitdenken und handeln – die mitarbeiten statt *ab*arbeiten –, dann ist es wichtig, dass Sie Ihre Mitarbeiter in Ihre Gedankengänge einbeziehen, sie mitdenken lassen und Verantwortung teilen bzw. die Verantwortung für die eigenen Aufgaben ganz übernehmen.

Achten Sie beim Delegieren genau darauf, ob Ihre Bitten das enthalten, was Sie möchten, ob Sie konkret sind und ob Ihre Bitte in der Gegenwart überprüfbar ist.

Ich denke gerade an ein Beispiel aus der Zeit, in der ich versuchte, meine Kinder dazu zu bewegen, meinen Mann und mich im Haushalt zu unterstützen. Ich sagte: „Da liegen Krümel unter dem Tisch." Glauben Sie nicht, dass jemand die Krümel weggekehrt hätte! Es war eben keine konkrete Bitte an eine bestimmte Person. Wenn ich jedoch sagte: „Malte, würdest du bitte die Krümel wegkehren?" – dann hatte diese Bitte mehr Aussicht auf Erfolg.

Woran erkennen wir die Bitte?

Bei Vorträgen bekomme ich oft die Antwort: „Bitten enthalten das Wort bitte und Bitten sind freundlich formuliert." Doch beide Antworten definieren nicht genau den Unterschied zwischen einer Bitte und einer Forderung. Manche Menschen können ihre Forderungen sehr freundlich formulieren. Sie können das Wort bitte in einem Drohsatz unterbringen. Eine Bitte erkennt man ganz einfach daran: Ihr Gegenüber lässt Ihnen die Wahl. Sie können sich frei entscheiden, ob Sie „Ja", „Nein" oder „vielleicht" zu etwas sagen.

Überprüfen Sie einmal, wie es für Sie ist, wenn andere Menschen sich diese Freiheit herausnehmen und „Nein" zu Ihrer Bitte sagen. Reagieren Sie mit Ärger, Kritik oder gar einer Verurteilung oder Strafe? Dann haben Sie keine Bitte, sondern eine Forderung gestellt.

Bestimmt kommt jetzt bei dem einen oder anderen der Einwand: „Ich kann meinen Mitarbeiter doch nicht um etwas bitten. Ich muss doch Forderungen stellen, sonst kommen wir nicht zum Ziel."

Als ich zum ersten Mal von Dr. Rosenberg hörte, dass ich Bitten stellen und auf meine Forderungen verzichten kann, dachte ich ebenso: „Wie soll denn das funktionieren? Was werden mir die Manager und Managerinnen darauf sagen? Kann ich das in meiner Firma mit meinen Mitarbeitenden und in meiner Familie hinkriegen?" Das erste Schlüsselerlebnis hatte ich wieder einmal nicht im Job, sondern zu Hause. Ich kam erschöpft von einem Beratungstag zurück und sah die Teller vom Frühstück auf dem Tisch stehen. Normalerweise hätte ich jetzt losgeschrien: „Wie sieht es denn hier schon wieder aus?" Doch ich erinnerte mich an meinen Großversuch (Wertschätzende Kommunikation zu leben) und reagierte anders, nämlich nach den vier Schritten.

Da ich eine Anfängerin war, hörte sich das Ganze wahrscheinlich etwas unnatürlich an, in etwa so: „Die Frühstücksteller stehen auf dem Tisch. Ich bin sauer, da ich mir Ordnung wünsche. Wäre jemand von euch bereit, das Geschirr in die Spülmaschine zu räumen?" Ich bekam keine Antwort. Also sagte ich das Gleiche noch einmal, nur etwas lauter. Die Antwort war: „Ja, gleich!" Nun muss man wissen, dass mein „gleich" und das meiner Kinder Tage auseinanderliegen können. Jetzt konnte ich entweder ein „Machtwort" sprechen, oder das Geschirr selbst einräumen. – Ich erlaube Ihnen noch einmal einen Blick in mein Kopfkino, denn da beginnen die Machtspiele und Dominanzstrukturen: „Wer hat hier das Sagen? Ich bin doch die Mutter (die Chefin). Meine Kinder (Mitarbeiter) haben das zu tun, was ich ihnen sage. Die müssen doch auch lernen, dass jeder etwas zum Haushalt (Unternehmen) beizutragen hat. Niemand kann sich immer aussuchen, was er tun und lassen will. Also müssen sie meiner Anweisung (Autorität) folgen ..."

Wenn wir so denken, werden wir das Spiel verlieren, auch dann, wenn die Spülmaschine eingeräumt wird. Denn wir werden in anderen Situationen dafür zahlen müssen. Bevor ich mich also zu einer Handlung hinreißen ließ, dachte ich an Marshall Rosenberg und erinnerte mich, dass hinter jedem „Nein" ein „Ja" zu etwas anderem liegt. Und ich schaute nach meinen Bedürfnissen. Die lauteten in etwa so: „Wenn es in der Küche ordentlich wäre, dann wäre mein Bedürfnis nach Entlastung und Unterstützung erfüllt." Mein Gespräch mit meinen Söhnen hörte sich dann am Abend so an: „Wenn ich daran denke, als ich heute nach Hause kam und die Teller vom Frühstück auf dem Tisch standen (Beobachtung), bin ich frustriert (Gefühl), weil ich mir Entlastung (Bedürfnis) wünsche und dass jeder seinen Beitrag zum Familienleben (Bedürfnis) leistet. Was könntet ihr euch vorstellen (Bitte)?" Dann kam eine Antwort, die mich verblüffte. Marius sagte: „Ich könnte einmal die Woche kochen." Malte sagte:

„Ich könnte einmal die Woche bügeln." Das war für mich ein Aha-Effekt, und der Grundstock für das Vertrauen, Bitten anstatt Forderungen zu stellen, war gelegt.

In der Wertschätzenden Kommunikation geht es darum, dass die Zustimmung auf eine Bitte nur freiwillig gegeben wird und nicht aus Angst oder Schuldgefühlen heraus. Das ist eine große Herausforderung für Unternehmen, und ein Perspektivenwechsel, indem durch das Vertrauen in die eigenen Bitten Aufgaben erledigt und Ziele erreicht werden können. Rosenberg formulierte zwei Fragen, die einen solchen Perspektivenwechsel einleiten können:

1. „Was möchten Sie, dass eine andere Person für Sie tut?"
2. „Aus welcher Motivation heraus möchten Sie, dass die andere Person es für Sie tut?"

Natürlich gibt es Solls zu erfüllen, Produktionstermine einzuhalten und Budgets zu berücksichtigen. Jedoch wächst die Leistungsbereitschaft, wenn Mitarbeiter selbstmotiviert handeln und darauf vertrauen können, dass auch ihre Meinung gehört wird.

In einem Unternehmen ist es deshalb wichtig, dass Menschen auch „Nein" sagen können, sonst haben sie eine von Angst und Resignation geprägte Atmosphäre. Wenn Sie hingegen bei einem „Nein" einfühlsam reagieren, dann zeigen Sie nicht nur Respekt für Menschen, sondern haben auch große Chancen, dass Ihr Anliegen gehört wird. Machen Sie sich bewusst, dass hinter jedem „Nein" ein „Ja" zu etwas anderem steht. Schauen Sie hinter das „Nein" und reagieren Sie empathisch. In „Macht mit" anstatt „Macht über" liegen ungeahnte Kräfte und die Möglichkeit, Umsätze zu steigern.

Ein weiteres Beispiel:

Eine Chefin fragt ihren Mitarbeiter, ob er bereit sei, das Protokoll der nächsten Vorstandssitzung zu schreiben. Der Mitarbeiter sagt „Nein". Ob es sich hierbei um eine Bitte oder um eine Forderung handelt, lässt sich daran erkennen, wie die Chefin auf dieses „Nein" reagiert. Angenommen, der Mitarbeiter erklärt, dass er in den nächsten vier Wochen an einem anderen Projekt arbeitet und die Chefin erwidert: „Dann müssen Sie eben mehrere Dinge gleichzeitig tun." Mit dieser Aussage drückt sie eine Forderung aus.

Sie könnte auch so reagieren: „Sie sind mit dem Projekt beschäftigt, und wenn Sie jetzt daran denken, die Vorstandssitzung zu protokollieren, dann geht Ihnen ein ganzer Tag verloren. Ist das der Grund Ihres Neins?" Mitarbeiter: „Ja genau, das ist mindestens ein Tag, der mir am Projekt fehlt." Chefin: „Ich brauche Sicherheit und Vertrauen, dass das Protokoll von jemandem geschrieben wird in der Art und Weise, wie ich es mir vorstelle, und Sie haben Erfahrung damit. Mir ist es wirklich wichtig, dass Sie das Protokoll schreiben. Können wir gemeinsam schauen, was Sie brauchen, damit Sie Unterstützung im Projekt bekommen?" Mitarbeiter: „O.k., wäre es für Sie in Ordnung, wenn Herr Müller den Termin mit der Agentur wahrnehmen könnte, dann hätte ich diesen Tag wieder in meiner freien Planung." Chefin: „Ja klar, das können Sie gerne mit Herrn Müller abstimmen."

Am Arbeitsplatz sorgen Sie vielleicht dafür, dass der Mitarbeiter tut, was Sie verlangen, selbst wenn er nicht einverstanden ist. Doch eventuell revanchiert er sich bei Ihnen dafür, indem er nur noch Dienst nach Vorschrift macht. Ist es das wert gewesen?

Gelingt es Ihnen jedoch auf die Bedürfnisebene zurückzukehren, dann können Sie ein Miteinander erleben. Sie sehen die Vielfalt für die unterschiedlichen Möglichkeiten, wie Menschen ihre Bedürfnisse erfüllen können. Es eröffnen sich Möglichkeiten, an die Sie niemals gedacht haben.

Hier noch einmal das Wesentliche auf einen Blick: Bitten sind weniger erfolgversprechend:

... wenn sie beschreiben, was Sie nicht möchten:	„Bitte kommen Sie nicht immer zu spät."
... wenn sie Gefühle statt Verhalten erbitten:	„Ich möchte, dass Sie freundlicher sind."
... wenn sie vage und abstrakt bleiben:	„Ich möchte, dass Sie sich mehr einsetzen."
... wenn sie Vergleiche enthalten:	„Gehen Sie doch genauso vor wie Frau Schmidt."

Bitten sind erfolgversprechend:

Wenn sie mitteilen, was Sie möchten:	„Ich bitte Sie, um 9 Uhr anzufangen."
Wenn sie realistisches Handeln und Verhalten konkret benennen:	„Bitte geben Sie mir die Zusage, dass ich die Unterlagen bis morgen bekomme."
Wenn sie in der Gegenwart überprüfbar sind:	„Was brauchen Sie jetzt an Informationen, damit Sie die Präsentation beim Kunden alleine durchführen können?"
Wenn sie dem Angesprochenen die Entscheidungsfreiheit lassen:	„Ist das in Ordnung für Sie?" „Passt das für Sie?"

Eine Bitte kann die Kurzform der Wertschätzenden Kommunikation sein. Seien Sie sich jedoch bitte im Klaren darüber, dass Sie damit noch nichts für die Beziehungsebene getan haben. Und ein einfühlsamer Kontakt auf der Beziehungsebene entsteht durch die Benennung von Gefühlen und Bedürfnissen.

Wenn Sie ein Team führen, in dem die Beziehungsebene stimmt, können Sie als Führungskraft sagen: „Los jetzt! Wir müssen bis heute Abend fertig sein!" – und die Mitarbeiter werden nicht eine Forderung, sondern die Bitte hören, wenn Sie zuvor eine Verbindung und eine Atmosphäre des Vertrauens und der Menschlichkeit geschaffen haben.

Es gibt drei Formen von Bitten, die an andere Personen gerichtet sind, und die Bitte an mich selbst:

6.5.1 Übung: Bitten aussprechen

Bitte kreuzen Sie an, ob der Sprecher eine eindeutige Bitte ausspricht.

Nr.	Beispiel	Eindeutige Bitte
1	„Ich möchte, dass Sie sich mehr einsetzen."	
2	„Bitte geben Sie mir ein Feedback zu den Arbeiten, die Sie an mir schätzen."	
3	„Ich hätte gerne, dass du häufiger mit den Kindern für die Schule lernst."	
4	„Bitte respektieren Sie meine Privatsphäre."	
5	„Ich möchte, dass Sie meine Situation verstehen."	
6	„Bitte teilen Sie mir mit, was Sie an meiner Arbeit wertschätzen."	
7	„Kannst du mir bitte sagen, was glaubst du, dass du tun kannst, damit deine Leistungen in Englisch besser werden?"	
8	„Kannst du mir bitte rückmelden, was du verstanden hast?"	
9	„Kommen Sie nicht immer zu spät."	
10	„Ich hätte gerne, dass wir uns jeden Tag eine Viertelstunde Zeit nehmen, um die Arbeitsabläufe zu besprechen. Passt das für Sie?"	

Zu 1: Ich stimme mit Ihnen überein, wenn Sie sagen, es ist keine eindeutige Bitte. Mit „mehr einsetzen" wird keine konkrete Handlung beschrieben. Was bedeutet „mehr einsetzen"? Eine eindeutige Bitte wäre: „Ich bitte Sie, dass Projekt xy zu übernehmen. Ist das in Ordnung für Sie?"

Zu 2: Ich stimme mit Ihnen überein, wenn Sie eindeutige Bitte angekreuzt haben. Der Sprecher bittet um eine eindeutige Handlung.

Zu 3: Ich stimme mit Ihnen überein, wenn Sie sagen, es ist keine eindeutige Bitte. Mit „häufiger" wird nicht eindeutig um eine Handlung gebeten. Eine eindeutige Bitte wäre: „Ich hätte gerne, dass du einmal die Woche mit den Kindern lernst."

Zu 4: Ich stimme mit Ihnen überein, wenn Sie sagen, es ist keine eindeutige Bitte. Mit dem Wort „Privatsphäre" wird nicht konkret ausgedrückt worum es genau geht. Eine eindeutige Bitte wäre: „Ich möchte dich bitten, an meine Schreibtischschublade nur mit meiner Erlaubnis zu gehen."

Zu 5: Ich stimme mit Ihnen überein, wenn Sie sagen, es ist keine eindeutige Bitte. Mit dem Wort „verstehen“ wird nicht um eine eindeutige Handlung gebeten. Eine eindeutige Bitte wäre: „Ich möchte Sie bitten, mir ein Feedback zu geben, was Sie von mir gehört haben.“

Zu 6: Ich stimme mit Ihnen überein, wenn Sie eindeutige Bitte angekreuzt haben. Der Sprecher bittet um eine eindeutige Handlung.

Zu 7: Ich stimme mit Ihnen überein, wenn Sie eindeutige Bitte angekreuzt haben. Der Sprecher bittet um eine eindeutige Handlung.

Zu 8: Ich stimme mit Ihnen überein, wenn Sie eindeutige Bitte angekreuzt haben. Der Sprecher bittet um eine eindeutige Handlung.

Zu 9: Ich stimme mit Ihnen überein, wenn Sie sagen, es ist keine eindeutige Bitte. Mit dem Satz „nicht immer zu spät“ drücken Sie aus, was Sie nicht möchten. Bei einer Bitte jedoch drücken Sie aus, was Sie möchten. Eine eindeutige Bitte wäre: „Ich möchte Sie bitten, um 9 Uhr anzufangen.“

Zu 10: Ich stimme mit Ihnen überein, wenn Sie eindeutige Bitte angekreuzt haben. Der Sprecher bittet um eine eindeutige Handlung.

6.5.2 Bitten in Meetings oder Teamsitzungen

Teilen Sie mit mir die Ansicht, dass Meetings stellenweise ermüdend und fruchtlos sind? Die Zeit vergeht und Sie denken: „Diese Zeit hätte ich zielorientierter nutzen können ...“

Wenn Sie an diese endlosen Diskussionen denken, sind Sie frustriert, weil Ihnen Effizienz, Produktivität und Planbarkeit wichtig sind? Auch der Kostenfaktor ist sicherlich nicht unerheblich, wenn Sie das Gehalt der anwesenden Personen auf die Stunde umrechnen.

Auch aus diesen Gründen ist es gut, die gemeinsame Zeit sinnvoll für alle zu nutzen. Ich habe einmal den Spruch gehört: „In Meetings gehen viele hinein, wenig kommt dabei heraus.“ Diesen Spruch habe ich mir eingeprägt und rate zu einer Meeting-Kultur, in der alle Teilnehmenden auf Effizienz und Produktivität achten. Klare Bitten sind ein entscheidender Faktor für effiziente Meetings. Das bedeutet Mut, sich zu äußern oder zu unterbrechen, wenn Sie glauben, dass das Gespräch nicht mehr zielführend ist oder Sie einfach nicht mehr zuhören können oder möchten. Unterbrechen Sie den Redner und stellen Sie ihm eine konkret formulierte Bitte: „Würden Sie uns sagen, welche Rückmeldung Sie sich genau von der Projektgruppe bzw. dem Team wünschen?“ Oder: „Sind Sie bereit das Thema zusammenzufassen, damit wir über den nächsten Tagesordnungspunkt sprechen können?“

Wenn Sie selbst die Rednerin sind, dann überlegen Sie sich, welche Reaktion Sie sich von den Teilnehmenden wünschen. Vorsicht bei Bitten an mehrere Personen. Dann kann es passieren, dass sich die Teilnehmer entweder sehr zögerlich äußern, weil sie glauben, im Kollektiv die Antwort geben zu müssen (und keiner will für Entscheidungen verantwortlich sein) – oder jeder legt sehr ausführlich seine Meinung dar (weil manche Menschen sich gerne reden hören), und das kann wieder endlose Zeit kosten.

Ihre innere Klarsicht ist hier von entscheidender Bedeutung. Legen Sie für sich fest, was Sie möchten, von wem Sie welche Antworten und Informationen brauchen, und fragen Sie konkret danach. Schließen Sie eine klare Aussage zur Anzahl der erbetenen Rückmeldungen an Ihre Bitte an, z.B.: „Sie haben jetzt meine Ansätze zur Vorgehensweise in unserem Projekt gehört. Mir wäre eine Feedback von drei Anwesenden wichtig.“ Oder: „Ich möchte von Ihnen allen Ihre Einschätzung hören, mit der Bitte, die Zeit achtsam zu nutzen. Daher schlage ich 20 Minuten für diesen Austausch vor.“

Es hilft, wenn eine Person, am besten der Moderator, darauf achtet, dass klare Bitten gestellt werden und darauf hinweist, wenn dies nicht der Fall ist: „Würden Sie uns bitte sagen, was Sie sich als Resonanz auf Ihre Ausführungen wünschen?“ – Oder: „Wären Sie dazu bereit, Ihre Aussagen mit einer konkreten Bitte abzuschließen?“ Wenn der Moderator auf Klarheit und Effizienz achtet, dann kann sich das Bewusstsein für klare Bitten auf eine ganze Gruppe ausdehnen.

Für übersichtliche Meeting-Strukturen hier noch einige Anregungen:
- klare Ziele setzen;
- Tagesordnung rechtzeitig bekanntgeben;
- Moderator/in bzw. Protokollführer/in benennen;
- Verhinderungen bzw. Verspätungen ankündigen;
- Beginn und Ende des Meetings festlegen und einhalten;
- Unterbrechungen bekannt geben bzw. ausschließen;
- notwendige Unterlagen bereithalten;
- Redeordnung beachten (ausreden lassen);
- beim Thema bleiben – jeder ist dafür mitverantwortlich;
- Atmosphäre wertschätzenden Miteinanders;
- Akzeptanz für andere Meinungen;
- Ergebniskontrolle in Form eines Protokolls mit To-do-Liste.

7. Selbstverantwortung übernehmen

In diesem Kapitel geht es ausschließlich um Sie selbst. Es geht darum, Selbstverantwortung zu übernehmen. Wie können Sie unbefriedigende Zustände verändern, ohne sich selbst aufzugeben, und dabei gleichzeitig die Bedürfnisse anderer Menschen sehen? Um diesem Ziel näher zu kommen, bitte ich Sie zunächst einmal, eingeschliffene Denkmodelle zu hinterfragen.

Es gibt unzählige Fluchtwege aus der Selbstverantwortung. Sie kennen das vermutlich in Form von Sätzen wie: „Wenn das nicht wäre, könnte ich ...", „Wenn ich eine andere Chefin hätte, wäre vieles anders.", „Früher war alles besser.", „Ich habe unmotivierte Mitarbeiter.", „Hier entspricht keiner meinen Erwartungen ..." usw. *Es scheint, als wären Bürowände reine Klagemauern. Schuldzuweisungen laufen wie Wanderpokale durch die Büros* – so Reinhard Sprenger in seinem Buch „Das Prinzip Selbstverantwortung". Verantwortlichkeiten werden einfach weitergegeben: „Ich bin nicht schuld ...", „Ich bin nicht zuständig ...", „Ich darf das nicht entscheiden ..."

Ich kenne Situationen in Unternehmen, in denen viele stöhnen – und keiner etwas sagt. Alle tragen unerträgliche Situationen mit, obwohl sie unzufrieden und anderer Meinung sind. Warum? Vielleicht weil Leiden manchmal leichter als Handeln ist oder weil die eigene Wahlmöglichkeit und die Selbstverantwortung von inneren Stimmen verdrängt wurden, die sagen: „Du kannst sowieso nichts machen!", „Es ist besser, sich zurückzuhalten.", „Es ist sicherer, sich nicht zu weit aus dem Fenster zu lehnen." Oder weil Angst den Berufsalltag füllt, z.B. den Arbeitsplatz zu verlieren.

Beginnen Sie ein Dasein, in dem Sie agieren anstatt reagieren! Wählen Sie selbst und treffen Sie bewusst Entscheidungen. Voraussetzung dafür ist, dass Sie Selbstverantwortung auch wollen. Überprüfen Sie immer wieder aufs Neue, ob Sie sich für sich einsetzen, verhandeln, Engagement zeigen möchten. Ob Sie Freude daran haben, sich zu entfalten und sich nicht als Opfer im Dienst zu sehen. Ob Sie Ihre Individualität, Ihre Wahrheit und Klarheit leben möchten. Das erfordert Mut und Selbstrespekt ... und es erfordert zu handeln und vor allem zu kommunizieren.

Der erste Dialog findet mit Ihnen selbst statt. Stellen Sie sich die Frage, ob Sie bereit sind, Ihrem Herzen zu folgen und Ihren Weg zu gehen. – Weiterhin: Sind Sie bereit,

Illusionen aufzugeben, Bequemlichkeiten hinter sich zu lassen und Ihre eigene Autonomie zu erkennen? Wollen Sie sich für die Welt – die Sie gestalten – verantwortlich zeigen?

Das Anerkennen der Wahlmöglichkeit ist ein wichtiger Bestandteil der „Wertschätzenden Kommunikation". Dabei gilt der Grundsatz von Jean Baptiste Molière, dass wir „nicht nur verantwortlich sind für das, was wir tun, sondern auch für das, was wir nicht tun".

7.1 Sie haben die Wahl – Autonomie erkennen

Von klein auf wird uns beigebracht, dass wir uns bestimmten Regeln zu fügen und in bestehende Strukturen einzugliedern haben, wenn wir ein erfolgreiches soziales Leben führen wollen. Doch selbst wenn wir uns ein Stück weit daraus befreien können – in der Schnelllebigkeit des Alltags kann leicht das Bewusstsein verloren gehen, dass wir jederzeit die Wahl haben.

Bitte überprüfen Sie, ob Sie den folgenden Aussagen völlig zustimmen können:
- „Ich entscheide jeden Tag, was ich tue oder nicht tue."
- „Ich entscheide in jeder Situation, was ich sage oder nicht sage."
- „Ich wähle jeden Tag, ob ich mich für mich selbst einsetze oder nicht."
- „Ich wähle jeden Tag, welche Arbeit ich tue und für welches Unternehmen ich arbeiten möchte."

Eine einfühlsame Verbindung zu sich selbst zu haben ist sicherlich nicht immer einfach. Vielleicht sagen Sie sich in manchen Situationen: „Ich muss so handeln." Oder: „Ich muss im Job funktionieren."

Seien Sie sich jedoch bewusst, dass Sie in Wirklichkeit nie müssen. Sie haben immer die Wahl. Sie entscheiden, was Sie tun, und Sie erfüllen sich mit all Ihren Entscheidungen, all Ihrem Tun und Lassen immer mindestens ein Bedürfnis.

Die Verben „müssen" und „sollen" halten uns von der Selbstverantwortung ab. Wir wenden sie häufig auf uns selbst an: „Ich muss mit dem Rauchen aufhören.", „Ich muss abnehmen.", „Ich muss mehr Sport treiben." Doch dadurch blockieren wir uns selbst. Denn wenn wir aus der Energie von „sollen" und „müssen" heraus handeln, dann geschieht das nicht aus der Freude heraus, sondern aus Druck und Zwang, unter den wir uns selbst gesetzt haben. Wir haben in dieser Haltung keine verbindende Kommunikation mit uns selbst, weil wir so tun, als hätten wir keine Wahl. Wenn Sie die Wahl einschließen, dann könnte der Satz lauten: „Ich entscheide mich mit dem Rauchen aufzuhören, weil mir meine Gesundheit wichtig ist."

Vielleicht sind Sie jetzt irritiert und denken: „Das ist alles schön und gut, aber arbeiten muss ich trotzdem. Da habe ich keine Wahl. Ich habe eine Familie und brauche das Geld. Ich brauche finanzielle Sicherheit." Aber auch dies haben Sie gewählt. Sie entscheiden sich im Moment, genau dieser Arbeit nachzugehen, weil Sie sich für eine finanzielle Sicherheit entscheiden. Vielleicht steht Ihr Bedürfnis nach Sicherheit im Moment an erster Stelle, vor anderen Bedürfnissen, wie Gesundheit, Balance zwischen Familie und Beruf, innerer Zufriedenheit usw. Das ist durchaus legitim. Aber seien Sie sich bewusst, dass Sie es selbst gewählt haben. Es macht einen Unterschied, ob Sie sich innerlich sagen: „Ich muss arbeiten" oder ob Sie sich sagen: „Ich entscheide mich zu arbeiten, weil mir ... wichtig ist." Das ist eine lebensbejahende innere Haltung.

7.1.1 Übung: Selbstverantwortung übernehmen

Tragen Sie in die Tabelle ein, was Sie alles *müssen.* Sie werden wahrscheinlich überrascht sein, dass diese Liste lang werden kann. Dann greifen Sie einen Satz nach dem anderen auf: „Ich muss ..." Formulieren Sie jetzt den Satz um: „Ich entscheide mich ... zu tun, weil ich mir damit das Bedürfnis nach ... erfülle." Ich hoffe, dass ich Ihnen mit dieser Übung deutlich machen kann, dass sich hinter jedem „Müssen" und „Sollen" Bedürfnisse verbergen. Vielleicht können Sie dadurch Ihre Handlungen aus einer anderen Perspektive sehen.

„Ich muss ... (Handlung) machen."	„Ich entscheide mich ... (Handlung) zu machen, weil mir ... (Bedürfnis) wichtig ist."
„Ich muss die Ablage machen."	„Ich entscheide mich, die Ablage zu erledigen, damit ich einen besseren Überblick im Büro habe."
„Ich muss als Chef Forderungen stellen. Wir müssen doch Umsätze machen und Ziele erreichen."	„Ich entscheide mich, Bitten zu stellen, da mir ein wertschätzender Umgang wichtig ist. Ich bin überzeugt, dass Menschen, wenn sie etwas freiwillig tun, mit mehr Lust und Freude an die Arbeit gehen. Dadurch entwickle ich Vertrauen, dass wir Ziele gemeinsam erreichen."
„Ich muss mein Haus/meine Wohnung putzen."	„Ich entscheide mich zu putzen, da mir mein Wohlbefinden wichtig ist. (Wohlbefinden, könnte das Bedürfnis hinter Ordnung und Sauberkeit sein.)
„Ich muss ...	„Ich entscheide mich ...
„Ich muss ...	„Ich entscheide mich ...
„Ich muss ...	„Ich entscheide mich ...
„Ich muss ...	„Ich entscheide mich ...

Sie können sich immer wieder neu entscheiden. Sie übernehmen die Verantwortung für Ihr Leben und damit auch für die Konsequenzen Ihrer Handlungen. Wenn Sie sich beschweren und/oder einen Schuldigen suchen, dann wollen Sie nicht verantwortlich für sich, Ihre Entscheidungen und Ihre Handlungen sein.

Erkennen Sie Tag für Tag erneut Ihre Wahlmöglichkeiten, nicht nur in großen, sondern auch in den kleinen Dingen: „Soll ich das Projekt heute in Angriff nehmen oder genügt es morgen?“, „Mache ich den Kundenbesuch persönlich oder rufe ich an?“, „Delegiere ich die Aufgabe oder erledige ich sie selbst?“, „Spiele ich mit meinem Kind oder setze ich mich an die Steuererklärung?“ Dieses Wählen geschieht in Sekunden und häufig unbewusst. Decken Sie Ihre Entscheidungen auf, dann sehen Sie Ihre Wahlmöglichkeiten bewusst.

Es kostet Mut und Vertrauen, Wahlmöglichkeiten und Selbstverantwortung auch in der Familie zu fördern. Wollen Sie liebe, nette, angepasste Kinder oder „wilde Kerle“? Damit meine ich Kinder, die vielleicht nicht immer bequem oder leise sind, aber authentisch und selbstverantwortlich.

Mein Mann und ich haben uns für die „wilden Kerle“ entschieden, auch wenn das hin und wieder eine Herausforderung ist.

Abends beginnt bei uns das Familienleben. Durch die beiden großen Söhne und unsere Berufstätigkeit findet das Gemeinsame oft am Abend zwischen 19 und 21 Uhr statt. Natürlich wollte auch Matteo, unser Jüngster, unbedingt daran teilhaben. Am Anfang hat es uns viel Mut gekostet, dieses Vertrauen in Matteo zu setzen. Auch gegen andere Meinungen, die lauteten: „Ihr könnt dem Kind nicht seinen Willen lassen, es muss doch einen geregelten Schlaf bekommen. Was macht ihr, wenn Matteo in die Schule kommt?“ Aber sowohl bei meinem Mann als auch bei mir war der Wunsch, unserem Kind Eigenverantwortung zu übertragen, größer als unser Verlangen, uns auf die „Sollte-und-müsste-Einstellungen“ einzulassen. Matteo stellte mehrfach fest, was es bedeutet, müde zu sein. Durch das eigene Erleben von Konsequenzen konnte er sich mit seinen Bedürfnissen verbinden, z.B. nach Ruhe und Regeneration. Er entdeckte für sich selbst, wie wichtig es ist zu schlafen, um am nächsten Tag fit zu sein. Matteo ist neun Jahre alt. Er geht ins Bett, wann er möchte. Er macht zum Ausgleich oft einen Mittagsschlaf. Wir können uns auf ein harmonisches Zu-Bett-Gehen und auch auf ein harmonisches Aufstehen verlassen.

Mein Mann und ich sind froh, uns auf diesen Versuch eingelassen zu haben. Berührt hat mich, als Matteo neulich sagte: „Mama, ich glaube, wir sind eine besondere Familie.“ Ich fragte: „Matteo, wie kommst du darauf?“ Matteo antwortete: „Weil wir die Bedürfnisse aller sehen.“

Oft höre ich, dass das Thema „ins Bett gehen“ ein Reizthema ist. Eltern denken abends meist auch an ihre eigene Ruhe. Dann ist es gut, wenn die Kinder im Bett sind.

Kinder hören in diesen Fällen „klassische" Sprüche wie: „Es ist gut für dich ins Bett zu gehen, damit du morgen früh nicht müde bist." So übernehmen Erwachsene die Verantwortung für ihre Kinder und nehmen ihnen damit die Chance, Selbstverantwortung zu entwickeln. Steht jedoch nicht häufig dahinter, dass die Eltern Ruhe und Entspannung brauchen?

Überlegen Sie, ob es auch andere Handlungsmöglichkeiten gibt, wie Sie sich Ihr Bedürfnis nach Ruhe und Entspannung erfüllen können. Sie könnten Ihrem Kind aufrichtig mitteilen, was Sie möchten, z.B. Ruhe und Entspannung und im Wohnzimmer allein sein. Das ist anders, als wenn Sie sagen: „Geh ins Bett, damit du morgen nicht müde bist."

8. Selbstempathie – Das Wesentliche in sich selbst hören

Auf die Seele hören, wenn wir gesund werden wollen. Letztlich sind wir hier, weil es kein Entrinnen vor uns selbst gibt. Solange der Mensch sich nicht selbst in den Augen und im Herzen seiner Mitmenschen begegnet, ist er auf der Flucht. Solange er nicht zulässt, dass seine Mitmenschen an seinem Innersten teilhaben, gibt es keine Geborgenheit. Solange er sich fürchtet, durchschaut zu werden, kann er weder sich selbst noch andere erkennen – er wird allein sein." – *Hildegard von Bingen*

Wir können uns mit anderen Menschen nur dann verständigen, wenn wir uns selbst verstehen. Wenn Sie Ihre Beziehungen zu anderen Menschen verbessern wollen, ist es hilfreich, wenn Sie erst einmal damit beginnen, die Beziehung zu sich selbst aufzunehmen. Nur eine innere Verbindung ermöglicht tragfähige und echte Beziehungen nach außen.

Sich auf Selbstempathie einzulassen ist eine der wichtigsten Fähigkeiten, um Klarheit über die eigene innere Welt zu gewinnen. Die Selbstempathie unterstützt Sie darin, für sich selbst zu sorgen und zur inneren Zufriedenheit zu gelangen. Diese innere Klarheit trägt erheblich dazu bei, sich auf tragfähige Beziehungen mit anderen Menschen wirklich einzulassen.

Wenn Sie innerlich klar sind, sind Sie mit sich gut verbunden und können Entscheidungen viel schneller treffen. Schnelle und eindeutige Entscheidungen lassen Sie effizienter arbeiten, und Sie wirken nach außen kongruent und stimmig. Menschen, die andere mit ins Boot holen können, haben eine innere Klarheit, ihre Botschaften sind kraftvoll und überzeugend. Am Anfang mag die innere Klärung länger dauern. Doch mit entsprechender Zeit und Übung werden Sie sich selbst dankbar sein für die Investition in Ihre Selbstempathie.

8.1 Die Signale des Körpers hören

Freude, Wut, Irritation, Sprachlosigkeit, Angst oder andere Gefühle zeigen Ihnen, dass im Moment ein oder mehrere Bedürfnisse erfüllt bzw. nicht erfüllt sind. Häufig zeigen sich diese Gefühle auch als Botschaften Ihres Körpers:

Wann spüre ich die Schmetterlinge im Bauch? Was bleibt mir im Hals stecken? Wann läuft mir die Galle über? Was stößt mir auf? Was geht mir an die Nieren? Was auf die Nerven? Wann rutscht mir das Herz in die Hose? Wann atme ich auf? Und wo spüre ich Druck oder habe einen Kloß im Hals?

Wenn Sie Ihre Gefühle erkennen und zulassen und die dahinter liegenden Bedürfnisse entdecken, werden Sie Handlungsmöglichkeiten finden. Jedes Gefühl ist in dem Moment, in dem Sie es empfinden, ein Teil von Ihnen, der akzeptiert werden möchte. Gefühle kommen und gehen. Gefühle sind wie „Warnlämpchen", die Ihnen zeigen, wenn etwas auf der Strecke bleibt. Nehmen Sie aber auch Situationen und Momente der Freude und des Glücklichseins durch Selbstempathie wahr und genießen Sie solche intensiven Momente im Jetzt. Selbstempathie ist nicht nur ein Prozess, in dem Sie schwierige Situationen anschauen. Nutzen Sie die Selbsteinfühlung auch, wenn Sie freudig und glücklich sind, und sehen Sie, welche Bedürfnisse in diesem Moment erfüllt sind. Dann werden Sie in Dankbarkeit diese Momente noch mehr genießen können.

8.2 Der Prozess der Selbstempathie

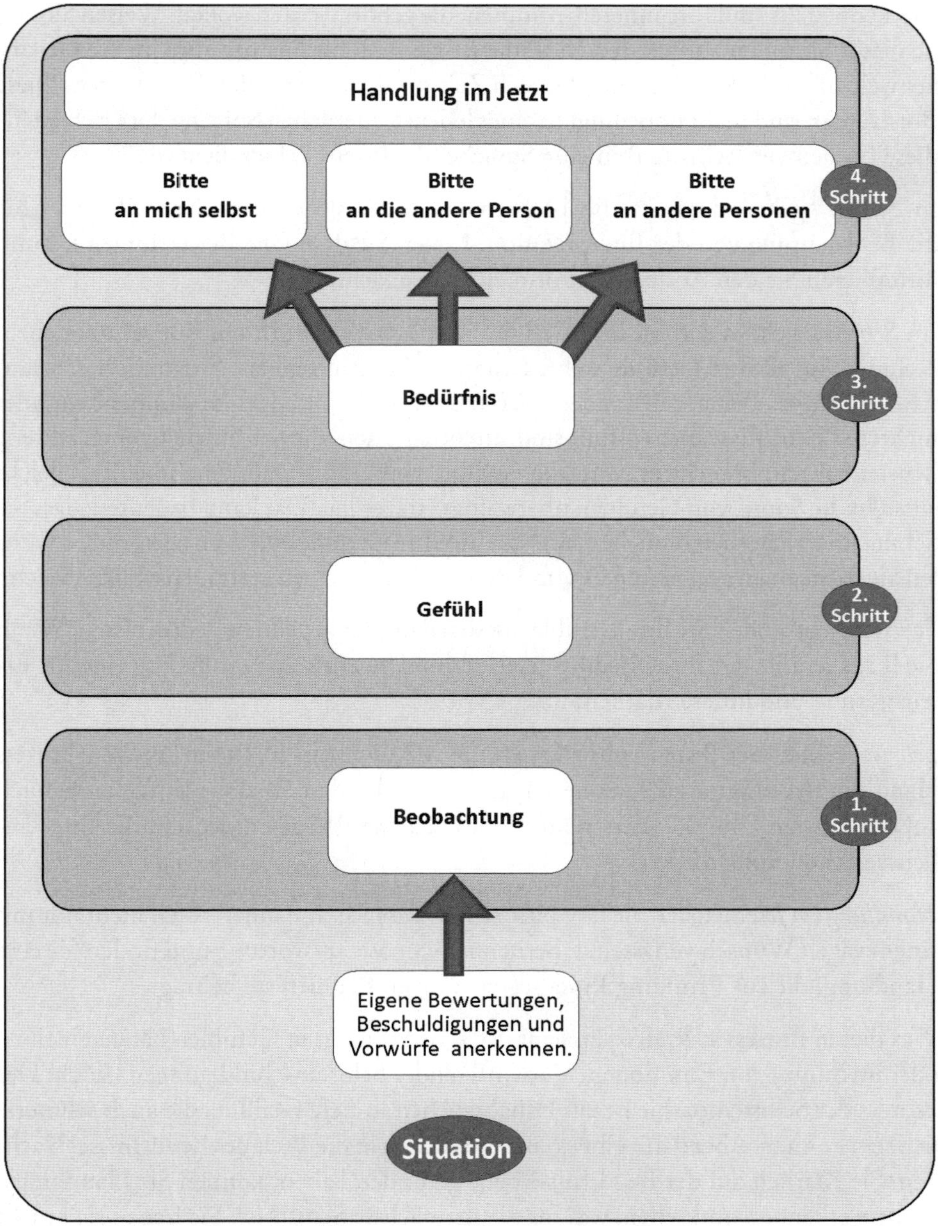

Sie gehen von einer konkreten Situation oder Handlung aus, die bei Ihnen Gefühle auslöst. In dem Prozess der Selbstempathie ist es wichtig, dass Sie Ihre Urteile, Beschuldigungen, Vorwürfe gegen sich selbst und/oder andere Personen hören und anerkennen. Es sind Ihre inneren Stimmen, die gehört werden wollen. Weisen Sie keine dieser Stimmen zurück. Jede Stimme ist wertvoll für Sie, um Ihre innere Gedankenwelt zu entdecken. Nehmen Sie sich Zeit für diese wertvollen Botschaften. Diese Botschaften sind nicht unbedingt in einer lebensförderlichen Sprache. Übersetzen Sie diese (in den vier Schritten) in eine Sprache, die Ihrem Leben dient.

Im *Schritt 1* geht es darum, zu beobachten und den Auslöser zu erkennen. Trennen Sie die Beobachtung von der Interpretation. Lassen Sie dann alle Bewertungen los und formulieren Sie den Auslöser in Form einer Beobachtung.

Im *Schritt 2* geht es darum, Ihre Gefühle zu spüren und in Ihrem Körper zu erleben. Nehmen Sie all Ihre Gefühle wahr. Irritation, Sprachlosigkeit, Frustration, Enttäuschung, Angst, Trauer oder andere Gefühle zeigen Ihnen, dass im Moment ein oder mehrere Bedürfnisse nicht erfüllt sind. In Situationen, die bei Ihnen an eingefahrene Muster rühren, braucht es Mut, die Gefühle vollständig wahrzunehmen. Vielleicht entsteht die Sorge, von Gefühlen überwältigt zu werden. Das kann bedeuten, dass Sie Schutz und Sicherheit brauchen, um sich auf Ihre Gefühle einlassen zu können. Wählen Sie dafür einen geeigneten Ort und Zeitpunkt oder einen vertrauensvollen Coach.

Schritt 3: Verbinden Sie Ihre Gefühle mit den dahinter liegenden Bedürfnissen. Wenn Sie Ihre Gefühle mit Ihren Bedürfnissen verbinden, entsteht gewöhnlich eine Art Erleichterung und innere Klarheit.

Schritt 4: Die drei Bitten geben Ihnen die Möglichkeit, in Ihrem inneren Prozess Handlungsspielräume zu erkennen. Das heißt nicht, dass Sie diese Bitten tatsächlich äußern werden. Hier können Sie für sich machbare Wege entdecken, die Ihrer Lebensverschönerung dienen.

Handlung im Jetzt: Stellen Sie hier bitte sicher, dass Sie Ihre innere Welt nicht nur mit einem vagen Wunsch verlassen. Übernehmen Sie Verantwortung und finden Sie eine Handlung, die zur Erfüllung Ihrer gegenwärtigen Bedürfnisse beiträgt.

Was diesen Prozess so kraftvoll macht, ist, dass Sie nicht in Gefühlen hängen bleiben oder im Sumpf von Emotionen, Vorwürfen oder Selbstanschuldigungen baden. Der Prozess der Selbstempathie ist ein Hinabtauchen in tiefe Gefühle, die auch schmerzlich sein können. Aber dann gibt es ein Auftauchen in die Welt der Bedürfnisse. Nachdem Sie Klarheit auf der Bedürfnis-Ebene gefunden haben, können Sie Handlungsschritte erkennen und sehen, was für Sie der nächste Schritt ist. Sie fragen sich nicht endlos, was richtig oder falsch ist, was anders laufen sollte oder anders hätte laufen sollen, sondern Sie fokussieren, was jetzt Ihr Leben verschönern könnte. Um den Prozess zu verdeutlichen, hier ein weiteres Beispiel.

Es war am Vorabend des 18. Geburtstags meines Sohnes Marius. (Er gab mir sein Einverständnis, diese Situation in diesem Buch zu beschreiben.) Die Vorbereitungen für den Geburtstag waren in vollem Gange, und zur Feier des Tages hatte ich eine Torte für ihn besorgt. Aus irgendeiner Stresssituation heraus sagte Marius zu mir: „Auf eine gekaufte Torte kann ich verzichten, Oma backt eh viel besser als du." Von dieser Aussage überwältigt, warf ich die Torte quer durch das Wohnzimmer, was mir im ersten Moment Erleichterung verschaffte. Als ich jedoch die Torte da liegen sah, gingen mir blitzschnell Gedanken durch den Kopf: „Oh, das war jetzt aber keine Gewaltfreie Kommunikation, was passiert als Nächstes und wer hebt die Torte auf bzw. beseitigt den Matsch?" Marius zog sich auf sein Zimmer zurück. Ich ließ mich auf den Prozess der Selbstempathie ein, was konkret bedeutete, meine Bewertungen zu hören, und das lief in etwa so: „Ich hätte doch zu seinem 18. Geburtstag wirklich mal einen Kuchen backen können! Ich bin keine gute Hausfrau – in meinem ganzen Leben habe ich nicht mehr als fünf Kuchen gebacken. Ich bin mehr beruflich unterwegs als für meine Kinder da ..." Da kamen dann wie von selbst meine Gefühle zum Vorschein. Ich war traurig, weil ich gerne einen Beitrag zum Wohle meiner Kinder leisten möchte, und es kamen grundlegende Zweifel auf, ob mir das in den vergangenen 18 Jahren wirklich bei ihm gelungen war. Auf einmal ging es um viel mehr als um eine Torte, und ich landete tief in meinen Gefühlen und Bedürfnissen.

Nach etwa 20 Minuten kam mein Sohn aus seinem Zimmer und sagte: „Mama, es tut mir leid." Auch ich sagte, dass es mir leid tat. Und dann hatten wir ein tiefes, verbindendes Gespräch und erzählten uns, wie wir uns gegenseitig das Leben in den letzten 18 Jahren verschönert hatten und wie dankbar wir beide dafür waren. Jetzt bleibt die Frage noch offen, wer hat die Torte weggekehrt? Mein Mann. Ich bin ihm dafür sehr dankbar, denn weder ich noch Marius waren in der Lage, die Torte aufzuheben. Es ist ein großes Geschenk für mich, mit Menschen zusammenzuleben, die sich mit mir um einen wertschätzenden Umgang bemühen, auch wenn es nicht immer auf Anhieb gelingt. Vor meiner Begegnung mit Marshall Rosenberg hätte die Situation ganz anders ausgesehen.

Ohne die Selbstempathie hätte ich in meinen Selbstvorwürfen gebadet und meinen Sohn angeschrien, er solle gefälligst die Torte wegmachen. So aber verbrachten wir den Vorabend mit einem intensiven Gespräch und an Marius Geburtstagsmorgen haben wir gemeinsam „Matschtorte" aus Dessertschalen gegessen. Heute schmunzeln wir darüber.

Vielleicht erleben auch Sie die doppelte Zeitfalle von Familie und Beruf ... und geraten in Selbstzweifel oder Schwierigkeiten. Es tauchen Konflikte auf und Sie fangen an, sich selbst zu kritisieren. Selbstempathie kann ans Eingemachte gehen. Sie bekommen einen Auslöser und anstatt wie gewohnt nach außen zu reagieren (sich abzureagieren), nehmen Sie alles zu sich zurück. Auf einmal kommen Sie mit Ihren inneren Themen in Kontakt. Das ist vielleicht unbequem oder schmerzlich, doch wie sagte der Schriftsteller und Kulturkritiker Aldous Huxley so schön: „Nichts bewahrt uns so gründlich vor Illusionen wie ein Blick in den Spiegel."

Folgende Fragen können Sie in der Selbstempathie unterstützen:

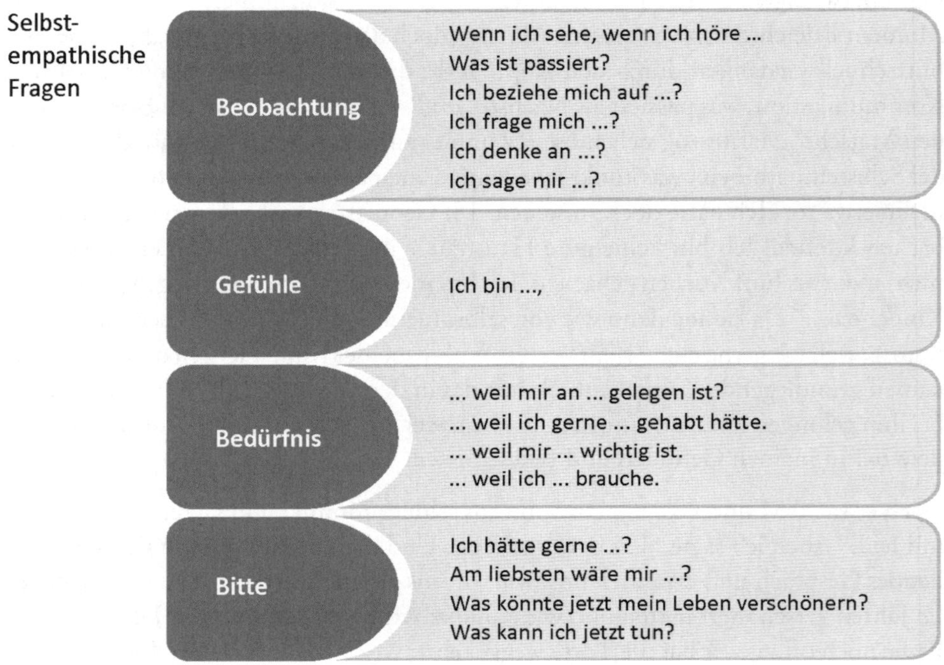

Als Beispiel schildere ich Ihnen einen selbstempathischen Prozess einer Teilnehmerin in einem Training:

Situation	Ich sagte zu meinem Vorgesetzten: „Die neuen Bestimmungen beeinflussen meine Arbeit und machen mir Druck. Ich weiß nicht, wie ich das alles erledigen soll." Mein Chef grinste und antwortete, „Ach, Sie haben doch drei Monate Zeit!" Daraufhin sagte ich: „Auch in drei Monaten ist diese Arbeit nicht zu schaffen." Mein Chef antwortet: „Warum sind Sie so aggressiv und in letzter Zeit überhaupt nicht belastbar?"
Eigene Bewertungen, Beschuldigungen und Vorwürfe anerkennen	Mein Chef hat mir nicht zu sagen, ob ich aggressiv und nicht belastbar bin – das ist eine Unverschämtheit. Er sollte die Prioritäten setzen und selbst erkennen, dass alles nicht in der Zeit zu schaffen ist. Er sollte nach oben deutlich machen, dass die neuen Bestimmungen mit viel mehr Aufwand verbunden sind. Außerdem sollte er mal sehen, was ich hier alles erledige und wofür ich mich einsetze. Hier wird nur die Arbeit gesehen, die nicht erledigt wird. Was ich hier alles mache und was gut läuft, das wird nicht gesehen.

Beobachtung	Um diese neuen Bestimmungen zu berücksichtigen, habe ich einen zeitlichen Mehraufwand von ca. acht Wochenstunden. Als ich zu meinem Chef sagte: „Die neuen Bestimmungen beeinflussen meine Arbeit und machen mir Druck. Ich weiß nicht, wie ich das alles erledigen soll“, bekam ich zur Antwort: „Warum ich so aggressiv und in letzter Zeit überhaupt nicht belastbar sei.“
Gefühl	Ich bin frustriert und traurig ...
Bedürfnis	... weil mir Wertschätzung wichtig ist und ich mit meinen Anliegen ernst genommen werden möchte.
Bitte	Bitte an mich selbst: Die Aufgaben erledigen, die ich in der Zeit schaffe, und klar kommunizieren, was ich nicht schaffe. Bitte an den Vorgesetzten: „Bitte klären Sie mit mir die Prioritäten für meine Arbeit.“ Ich könnte ihn fragen, ob er eine Möglichkeit sieht, die Arbeiten im Team anders zu verteilen? Ich könnte ihn auch fragen, was er an meiner Arbeit schätzt. Bitte an andere Personen: Ich könnte meine Kollegen in meinem Team fragen, wie sie die neuen Bestimmungen empfinden und wie sie damit umgehen.
Handlung im Jetzt	Ich werde alle drei Bitten in der nächsten Woche in die Tat umsetzen.

Nach diesem „Selbstempathie-Prozess“ war ein gewandeltes Gefühl in dem Gesicht der Teilnehmerin zu erkennen und ich fragte: „Sind Sie erleichtert, weil Sie eine Handlungsmöglichkeit für die Zukunft sehen?“ Frau S.: „Ja, und wie!“

Vermutlich ist Ihr Arbeitsalltag – wie bei vielen Menschen – zeitgetaktet und hat wenig Spielraum für Unvorhersehbares und für „Eigenzeit“. Sie sind Ihrer Zeit voraus, denken schon über die nächsten Stunden, die nächsten Aufgaben, die nächsten Termine, die nächsten Umsatzzahlen nach. Übrigens verschätzen wir uns meistens um etwa 20 Prozent bei der Tagesplanung – da sind Gefühle schnell ein Störfaktor und werden gerne übergangen. In meinen Selbst- und Zeitmanagement-Trainings höre ich oft: „Ich stehe unter Druck, weil ich ständig neue Arbeitsaufträge bekomme und die alten Aufgaben noch nicht abgearbeitet sind. Der Stapel wird höher und höher, die Erwartungen werden größer und größer, die Prioritäten sind alle A. Dann kommt die Chefin und legt noch etwas obendrauf.“ Kennen Sie das? Der Stresspegel steigt, der innere Ärger auch, und das Leben auf der „Überholspur“ beginnt! „Na ja“, hörte ich eine Managerin sagen, „wenn es zu schlimm wird, gehe ich mal kurz vom Gas runter, aber insgesamt mache ich natürlich weiter. Der Umsatz muss ja stimmen.“ Wie lange wollen Sie das mitmachen? Noch einen Tag, eine Woche, einen Monat oder Jahre? Natürlich ist es wichtig, dass Sie einen Zeitplan haben und dass Sie darüber nachdenken, was Sie möchten. Vorsicht jedoch: Leiden Sie unter Migräne, Verspannungen,

Magenproblemen, Schlaflosigkeit oder ähnlichen Symptomen? Dann vergessen Sie bitte über all Ihren Aufgaben und Zielen vor allem das eine nicht – sich selbst!

Es ist jederzeit möglich, von der „Überholspur" herunterzukommen und sich zu fragen: Was beobachte ich? Was fühle ich? Was brauche ich? Und was könnte jetzt mein Leben verschönern? Diese Fragen können Ihr Leben nicht nur bereichern, sondern vielleicht auch verlängern. Nehmen Sie sich Zeit für das Wesentliche, Zeit für sich, Ihre Gesundheit und Ihr Glücklichsein, Zeit, sich selbst zu spüren. Vergessen Sie nicht, dass Sie jederzeit die Wahl haben, etwas zu tun oder zu lassen.

Angenommen, Sie bekommen viel auf Ihren Schreibtisch und jetzt kommt Ihre Chefin und legt noch etwas obendrauf... Dann hören Sie sich zuerst Ihre Bewertungen an:

„Die Arbeit häuft sich und die anderen kommen und legen mir immer noch etwas drauf. Meine Chefin ist nicht besser. Ich werde ganz schön ausgebeutet hier. Meine Chefin könnte ja endlich mal die Aushilfe einstellen, die sie versprochen hatte. Ich bin vielleicht nicht schnell genug, jemand anderes würde es vielleicht besser schaffen."

Gehen Sie in den Prozess der Selbstempathie. Nehmen Sie sich einen kurzen Moment und nehmen Sie wahr, was Sie brauchen.

Beobachtung:	Ich habe die Aufgaben x und y auf meinem Schreibtisch und die gesamten Aufgaben sind Priorität A. Meine Chefin kommt und gibt mir eine weitere Aufgabe.
Gefühl:	Ich spüre Stress.
Bedürfnis:	Ich brauche Entlastung, Klarheit und Absprachen.
Bitte:	Ich kläre jetzt mit meiner Chefin die Prioritäten und frage sie, ob sie bereit ist, eine Aushilfe einzustellen.

Eine Aushilfe einzustellen ist kein Bedürfnis, sondern eine Strategie. Erinnern Sie sich an den Unterschied: Eine Strategie sieht nur eine mögliche Handlung. Wenn Sie in dem Gedanken hängen bleiben, eine Aushilfe wäre die einzige Lösung, dann machen Sie sich abhängig von der Strategie. Wenn Ihre Chefin „Nein" dazu sagt, bleiben Sie bitte offen für weitere Strategien und gehen Sie zurück auf die Bedürfnisebene. Ist es der Wunsch nach Entlastung? Nach Unterstützung oder nach Zeit für Regeneration? Einem Ausgleich von Privat- und Berufsleben oder einem Ausgleich von Geben und Nehmen? Oder ist es das Bedürfnis nach Sicherheit? Was auch immer es ist, nehmen Sie sich ernst und finden Sie eine Handlungsmöglichkeit, die Ihr Leben jetzt verschönert.

Die Klage über zu viel Arbeit höre ich häufig von Mitarbeitern. Wenn ich umgekehrt Führungskräfte darauf angesprochen habe, zeigte sich, dass sie die Situation auf erstaunliche Weise anders wahrnahmen. So sagten sie beispielsweise, dass Mitarbeiter einen Perfektionismus an den Tag legten, der gar nicht gefordert wäre und mehr Aufwand als nötig betrieben würde. Ich kann nur immer wieder empfehlen: Klären Sie die Erwartungshaltungen und die Art und Weise der Ausführungen genau ab. Das kann zu Beginn möglicherweise mehr Zeit in Anspruch nehmen. Letztlich führt es jedoch zu mehr Effizienz.

8.2.1 Selbstempathie auf einen Blick:

Selbst-empathie

Situation	Beschreiben Sie die Ausgangssituation.
Eigene Bewertungen, Beschuldigungen und Vorwürfe anerkennen	Hören Sie Ihre eigenen Bewertungen, Beschuldigungen und Vorwürfe. Diese inneren Botschaften geben Ihnen wertvolle Informationen.
Beobachtung	Lassen Sie hier all Ihre Bewertungen und Interpretationen los. Erkennen Sie die Auslöser und beschreiben Sie diese in Form von einer Beobachtung. **„Was ist passiert, auf was beziehe ich mich, an was denke ich, was frage ich mich?**
Gefühl	Spüren Sie voll und ganz Ihre Gefühle und Empfindungen in Ihrem Körper. **Ich bin ...**
Bedürfnis	Das Bedürfnis erkennen und anerkennen: Was ist mir wichtig, was hätte ich gerne gehabt? **... weil mir ... wichtig ist.**
Bitten Bitte an mich selbst Bitte an die andere Person Bitte an andere Personen	Die drei Bitten eröffnen Ihnen mögliche Handlungsspielräume, wie Ihr momentanes Bedürfnis erfüllt werden könnte. **Ich hätte gerne ...**
Handlung	Übernehmen Sie die Verantwortung und entscheiden Sie sich jetzt für einen konkreten Handlungsschritt. **Jetzt ist mein nächster Schritt ...“**

8.2.2 Übung: Selbstempathie

Notieren Sie in der Tabelle eine konkrete Situation, die bei Ihnen ein Gefühl ausgelöst hat und in der Sie sich eine Veränderung wünschen.

Was ist passiert? Beschreiben Sie in Stichworten die Ausgangssituation:	
Hören Sie Ihre eigenen Bewertungen, Beschuldigungen und Vorwürfe.	
Beobachtung Lassen Sie hier all Ihre Bewertungen und Interpretationen los. Beschreiben Sie eine konkrete Beobachtung (Auslöser).	
Gefühl Spüren Sie voll und ganz Ihre Gefühle und Empfindungen.	Ich bin ...,
Bedürfnis Erkennen Sie Ihr Bedürfnis. → Ein Bedürfnis ist an keinen Raum, keine Zeit und keine Person gebunden. → Ein Bedürfnis kann auf verschiedene Weisen erfüllt werden.	... weil mir ... wichtig ist.
Bitte ... die ich an mich selbst haben könnte. ... die ich an die andere Person haben könnte. ... die ich an andere Personen haben könnte.	Ich hätte jetzt gerne ...
Handlung	Mein nächster Schritt ist ...

Seien Sie bitte nicht frustriert, wenn die ersten Versuche mit der Selbstempathie nicht sofort zu den gewünschten Ergebnissen führen, oder es Ihnen schwerfällt, die notwendige Klarheit zu finden. Mit etwas Übung werden Ihnen die vier Schritte in täglichen Situationen geläufiger werden. Bedenken Sie, die Wertschätzende Kommunikation ist eine Sprache, die es neu zu erlernen gilt. Es braucht Geduld, Übung und Vertrauen, die eigene innere Haltung und die äußere Sprache zu ändern.

9. Nach außen aufrichtig kommunizieren

Nach der inneren Klärung haben Sie die Wahl, ob, wie oder was Sie nach außen kommunizieren möchten.

Bedenken Sie, wenn Sie nicht kommunizieren, könnten andere Menschen davon ausgehen, dass Sie mit der Situation einverstanden sind. Schweigen wird häufig als Zustimmung gedeutet.

Wer im Inneren klar ist, wird im Außen kongruent, echt und überzeugend wahrgenommen. Das heißt nicht, dass Sie Ihren inneren Prozess wortwörtlich nach außen kommunizieren. Hier kann es Abweichungen geben. Wenn Sie im inneren Prozess beispielsweise Gefühle von Angst oder Trauer hatten, können Sie selbst entscheiden, ob Sie diese Gefühle kommunizieren oder ob Sie im Business eher von „Sorge" oder „Irritation" sprechen.

Nach dem Prozess der Selbstklärung werde ich häufig gefragt: Wie kann ich mein Bedürfnis am besten ansprechen, meine Bitte vortragen, meine Frage stellen? Das ist natürlich individuell verschieden, am wichtigsten ist jedoch, dass es sich authentisch anhört und für Sie stimmig ist. Was für den einen Menschen authentisch ist, hört sich für den anderen vielleicht gestelzt an. Jeder hat seine eigene Gefühlswelt und Sprache.

Bleiben wir bei dem Beispiel aus dem Kapitel „Selbstempathie". Ihre Chefin hat Ihnen soeben einen weiteren Vorgang auf Ihren vollen Schreibtisch gelegt. In den vier Schritten könnte sich das in der Kommunikation wie folgt anhören:

Beobachtung:	„Ich habe vier Projekte zu bearbeiten und gestern haben Sie mir das fünfte Projekt auf den Tisch gelegt.
Gefühl:	Ich bin frustriert,
Bedürfnis:	da ich gerne Klarheit hätte, wie das in Zukunft weitergeht.
Bitte:	Kann ich die Aushilfskraft, die wir im vergangenen Jahr hatten, fragen, ob sie in den nächsten zwei Monaten für uns arbeitet?"

Wenn Sie von sich selbst sprechen, und zwar in einer positiven Handlungssprache, dann führt das in eine verbindende Kommunikation.

Ein weiteres Beispiel: Stellen Sie sich vor, Sie bekommen eine E-Mail von Ihrem Chef. Er schreibt Ihnen darin ohne Anrede: *„Die Produkteinführung wird zwei Monate vorverlegt."*

Ich höre fast in jedem Seminar solche oder ähnliche Beispiele. Mitarbeiter bekommen wesentliche Informationen zu spät oder unzureichend. In den Führungsetagen werden einsame Entscheidungen getroffen, die nicht an die Mitarbeiter weitergegeben werden.

Zurück zum Beispiel: Hören Sie nun Ihre Bewertungen: „Das ist ja das Letzte, der hat überhaupt keine Ahnung, wie viel Zeit wir zur Vorbereitung benötigen. Was soll das denn wieder bedeuten? Der sollte doch wissen, was da alles dranhängt. Da ist überhaupt keine Wertschätzung für meine Person. Nicht mal eine Anrede! So viel Zeit muss doch sein. Das ist ja wohl das Mindeste, was man an Höflichkeit verlangen kann. Wertschätzung ist in dieser Firma sowieso ein Fremdwort. Warum bin ich eigentlich hier?"

Wenn Sie solche Gedanken und Bewertungen nicht in eine lebensdienliche Sprache übersetzen, wird es weder Ihr Leben verschönern, noch zur Zusammenarbeit beitragen, noch die Effizienz Ihrer Arbeit steigern.

Eine konkrete Antwort und Bitte nach außen könnte also sein:

Beobachtung:	„In Ihrer E-Mail schreiben Sie, dass die Produkteinführung um zwei Monate vorgezogen wird.
Gefühle und Bedürfnisse:	Ich bin überrascht und würde gerne wissen, wie es zu dieser Entscheidung kam. Außerdem bin ich besorgt, ob wir die Qualität durch die verkürzte Zeit halten können.
Bitte:	Können Sie mir sagen, wie es zu dieser Entscheidung kam und wie ich jetzt die Prioritäten setzen soll?"

Wenn Sie als Mitarbeiter unter Informationsdefiziten leiden: Kümmern Sie sich um die entsprechenden Informationen, seien Sie um Erstinformationen bemüht, suchen Sie immer wieder das Gespräch.

Ein weiteres Beispiel. Ein Vorgesetzter mailt seinem Team: *„Basierend auf den Rahmenbedingungen überrascht es mich, dass wir nur 50 der erforderlichen 800 Tests erledigt haben. Dass die Motivation und die Qualifikation im Team unterschiedlich ausgeprägt sind und dass Kollegen eine unterschiedliche Performance an den Tag legen, finde ich ja noch normal. Jedoch haben wir bisher bereits 60 Stunden für diese Aufgaben gebraucht.*

Wenn wir also in diesem Tempo weiterarbeiten, brauchen wir doppelt so lange. Was tut Ihr eigentlich hier?"

Wie würden Sie auf eine solche E-Mail reagieren? Und wie würden Sie sich fühlen? Überrascht, sprachlos, ärgerlich, sauer, wütend, weil Sie sich Vertrauen wünschen, anerkannt werden möchten mit Ihrer Arbeit? In diesem Beispiel war erst einmal Selbstempathie für die Mitarbeiter nötig. Beim nächsten Teammeeting sprach ein Mitarbeiter die E-Mail wie folgt an: *„Wenn ich an die E-Mail denke und an den Satz ‚Was tut ihr eigentlich hier', bin ich frustriert. Ich möchte, dass unser Arbeitseinsatz gesehen wird, und ich hätte mir gewünscht, dass wir gemeinsam klären, wie wir unser Ziel in der geplanten Zeit erfüllen können. Können wir das jetzt klären?"*

9.1 Aufrichtig kommunizieren auf einen Blick

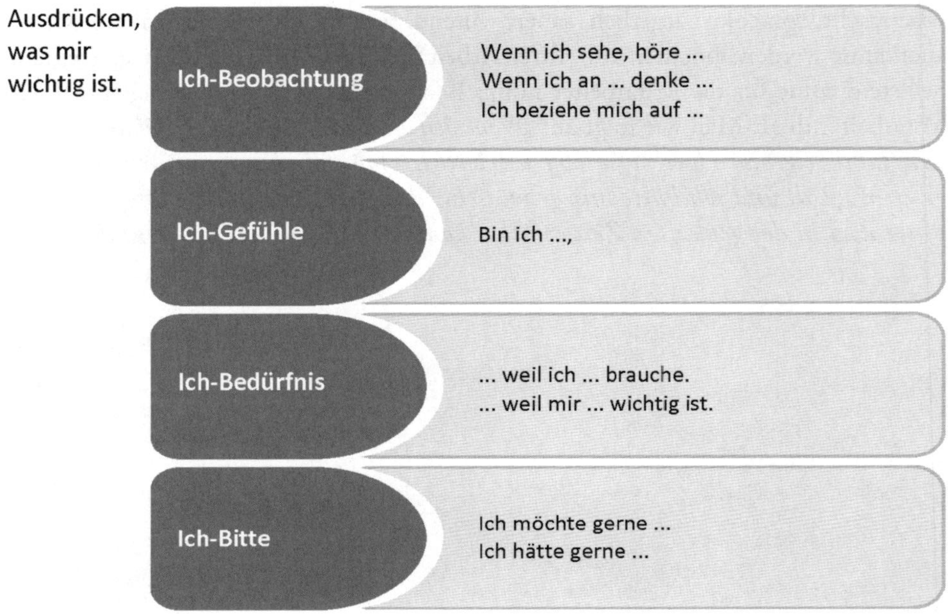

9.1.1 Übung: Nach außen aufrichtig kommunizieren

Nehmen Sie nun Ihr Beispiel aus der Übung „Selbstempathie" und überlegen Sie, was Sie nach außen mitteilen möchten. Es geht nicht darum nett zu sein, sondern authentisch zu sein und in einer deutlichen Sprache Ihre Anliegen mitzuteilen.

Beobachtung Nennen Sie Ihre konkrete Beobachtung, ohne Bewertungen und Interpretationen.	
Gefühl Benennen Sie Ihr Gefühl in einer für Sie authentischen Sprache.	Ich bin ...,
Bedürfnis Teilen Sie Ihr Bedürfnis mit. ⇢ Ein Bedürfnis ist an keinen Raum, keine Zeit und keine Person gebunden. ⇢ Ein Bedürfnis kann auf verschiedene Weisen erfüllt werden.	... weil mir ... wichtig ist.
Bitte An die andere Person.	Ich hätte gerne ...

10. Erfolgsfaktor Empathie

Warum können Menschen sich spontan verstehen, warum fühlen sie, was andere fühlen und wie kann man intuitiv eine Vorstellung davon haben, was ein anderer in etwa denkt? Erst vor wenigen Jahren hat die Wissenschaft für diese Phänomene zufällig eine Erklärung gefunden: Die Entdeckung der sogenannten Spiegel-Nervenzellen oder Empathie-Neuronen war eine neurobiologische Sensation. Die Spiegelzellen unseres Gehirns versorgen uns mit intuitivem Wissen über die Absichten von Personen. Sie melden uns, was Menschen in unserer Nähe fühlen, und lassen uns deren Freude oder Schmerz mitempfinden. Spiegel-Nervenzellen sind die Grundlage emotionaler Intelligenz. Sie sind die neurobiologische Basis von Empathie und verleihen uns die Fähigkeit zu lieben. Prof. Joachim Bauer beschreibt dies in seinem Buch „Warum ich fühle, was du fühlst".

Empathie bedeutet ein respektvolles Verstehen der Erfahrungen anderer Menschen. Empathisch hören können Sie nur dann, wenn Sie alle Urteile und vorhandene Meinungen über Ihr Gegenüber ablegen. Sie hören zu, ohne zu verurteilen, ohne zu bewerten, ohne Ratschläge zu geben, ohne zu trösten, ohne zu bemitleiden und ohne zu verhören oder Ihre eigenen Geschichten zu erzählen. Sie bringen nichts von sich ein, sondern sind hundertprozentig bei der anderen Person. Empathie bedeutet mehr als unser Wort „verstehen". Es ist das einfühlsame Zuhören mit dem ganzen Wesen, mit Herz und Ohr. Ein empathischer Zuhörer schenkt Ihnen Vertrauen. Er geht ein Stück mit auf Ihrer inneren Spur, hört Ihnen aufmerksam zu und versucht die Welt mit Ihren Augen zu sehen. Der amerikanische Psychologe Carl Rogers, der die Klientenzentrierte Gesprächstherapie entwickelte und die humanistische Psychologie mit aufbaute, beschrieb die Wirkung der Empathie so: „Wenn dir jemand wirklich zuhört, ohne dich zu verurteilen, ohne den Versuch zu machen, die Verantwortung für dich zu übernehmen oder dich nach seinem Muster zu formen – dann fühlt sich das verdammt gut an."

Im Business wird die Fähigkeit des Menschen, sich in andere hineinzuversetzen und den anderen empathisch zu verstehen, meiner Meinung nach viel zu wenig genutzt. Dabei geht es, wenn wir ehrlich sind, in den meisten Situationen immer um das Gleiche: verstanden zu werden. Nicht verstanden werden führt hingegen dazu, dass sich Mitarbeitende oder Kunden ärgern, frustriert oder enttäuscht sind. In Gesprächen kommt es dann schnell zu einer Haltung der Verteidigung, der Rechtfertigung oder des Angriffs. Dies ist in den meisten Fällen keine Absicht, sondern lediglich die Unkenntnis über eine empathische Art der Kommunikation.

Wenn Sie effektiv mit Menschen interagieren wollen und wenn Sie gemeinsam mit Ihren Mitarbeitenden Ziele erreichen möchten, ist die Wertschätzende Kommunikation genau richtig. Da sie sich nicht auf Techniken beschränkt, sondern die Empathie mit einbezieht, unterscheidet sie sich wesentlich von anderen Kommunikationsmethoden. Empathische Kommunikation ist eine anspruchsvolle Aufgabe, die sich nicht mit dem Griff in die rhetorische Trickkiste oder mit intellektuellem Raten vergleichen lässt. Wenn ein Mitarbeiter oder ein Kunde merkt, dass Sie eine Kommunikationstechnik benutzen, spürt er rasch die Manipulation. Er wird sich fragen, warum Sie das tun und welche Motive hinter Ihrem Agieren liegen. Ihr Gegenüber wird unsicher und wird sich nicht wirklich öffnen.

Worte allein sind nicht effektiv. Empathie sieht den ganzen Menschen und nicht nur dessen Leistungen. Erst wenn man die Fähigkeit des einfühlsamen Zuhörens als eine Haltung und nicht als Methode sieht, entstehen Offenheit und Vertrauen. Erst wenn Sie sich auf Ihr Gegenüber einlassen und versuchen, seine Situation nachzuvollziehen und seine Gefühle zu verstehen, können Sie eine tragfähige Verbindung zu ihm aufbauen. In der Kommunikation hören sich Gesprächspartner meistens nicht zu, um den anderen zu verstehen, sondern um dem anderen zu antworten. Doch so entsteht kein Vertrauen.

Wenn Vertrauen als Basis fehlt, dann ist es egal, ob Sie Ihrem Gesprächspartner eine positive oder eine negative Mitteilung machen wollen, Ihre Worte werden die Person nicht wirklich erreichen. Selbst wenn Sie Ihren Mitarbeitenden sagen, welch gute Arbeit sie leisten und wie sehr Sie sie schätzen – ohne Vertrauen werden Ihre Worte nicht ankommen.

Sicherlich kennen Sie solche Situationen wie auch Momente, in denen Ihre Reaktion darüber entscheidet, ob sich eine Situation hochschaukelt bzw. eskaliert oder ob sich Mitarbeitende oder Kunden ernst genommen und verstanden fühlen. Ob in der Führung, im Kundenservice, im Beschwerde-Management oder in der täglichen Zusammenarbeit – es ist immer wieder anspruchsvoll, eine Sprache zu sprechen, die Vertrauen aufbaut und eine langfristig gute Beziehungsebene möglich macht. Mag es auch nicht immer einfach sein, so sehe ich genau hierin eine große Chance für die Wirtschaft der Zukunft. Der Mensch mit seiner Kommunikations- und Empathiefähigkeit ist für mich der zentrale Erfolgsfaktor im Unternehmen.

Wertschätzende, empathische Kommunikation im Business kann zur Steigerung der Mitarbeiter- und Kundenzufriedenheit sowie zur Verbesserung der Kundenorientierung führen. Zugleich bietet sie eine Basis für eine bessere Qualität in der Führung und für die Entwicklung einer Wertekultur. Das wiederum strahlt ab auf die Außenwirkung eines Unternehmens. Wertschätzende, empathische Kommunikation eröffnet Möglichkeiten, sich durch ein eigenes Kommunikationsprofil klar von anderen Unternehmen zu differenzieren. Das erfordert jedoch ein Umdenken.

10.1 „Ich kann Sie verstehen!"

„Ich kann Sie verstehen!" Diesen Satz haben Sie sicherlich schon oft gehört. Doch hat Sie Ihr Gegenüber dann wirklich verstanden?

Jeder Mensch hat seine eigene Lebensgeschichte, die Einfluss nimmt auf eine aktuelle Situation. Ich glaube, es ist eine Illusion, einen anderen Menschen wirklich verstehen zu können. Was wir jedoch können, ist, uns unserem Gegenüber empathisch anzunähern.

Erst wenn Menschen in Ihren Anliegen gehört werden, sind sie bereit, die Anliegen der anderen ebenso zu hören. Häufig wird Empathie mit anderen Formen des Zuhörens verwechselt. Zum Beispiel mit Sympathie, Lösungsvorschlägen, Ratschlägen, Belehrungen, Beruhigung oder Mitleid. All das ist jedoch keine Empathie.

Ich möchte Ihnen verschiedene Reaktionen zeigen, die häufig mit Empathie gleichgesetzt werden.

Die Mitarbeiterin sagt zu einer Bekannten: *„Stell dir vor, unsere ganze Produktionsstätte wird nach Polen verlagert."*

Sympathie	„Das kann ich gut verstehen, das war bei uns in der Firma ganz ähnlich."
Ratschlag	„Da musst du dich schnell woanders bewerben."
Verstärkung	„Ja, das ist die Globalisierung."
Belehren	„Das kann ja auch ganz positiv sein. Du kannst neue Erfahrungen machen."
Trösten	„Jetzt mach dir mal keine Sorgen, da wird sich sicherlich was anderes finden."
Mitleid	„Oh Gott, das tut mir leid! Da wirst du es jetzt ganz schön schwer haben."
Verhören, analysieren	„Wie ist es denn dazu gekommen?"
Erklären, rechtfertigen	„Also so ist das nicht gewesen. Das war doch ganz anders gemeint. Das soll doch erst in fünf Jahren spruchreif sein."
Argumentieren	„Ja, aber bevor die Firma ganz aufgelöst wird, finde ich, ist das noch die beste Alternative."

Eigene Meinung einbringen	„Das kenne ich, das ist beim U. Müller genauso abgelaufen. Du, stell dir vor, das war so und so ..."
Ermutigung	„Komm, lass den Kopf nicht hängen. Das wird schon wieder."
Verbessern	„Das hast du falsch verstanden. Die Produktion wird doch nach Tschechien verlegt."

Der Glaube daran, dass wir für andere Menschen die Lösung finden müssen, dass wir Situationen in Ordnung bringen sollen oder intellektuell den ganzen Sachverhalt verstehen wollen, hält uns davon ab, präsent zu sein. Wenn Sie Mitleid haben, also das Gleiche fühlen wie die andere Person, dann seien Sie sich bewusst, dass Sie in diesem Moment mit-leiden, aber keine Empathie geben.

10.2 Empathisch zuhören

Zur Fähigkeit des einfühlsamen Zuhörens gehören drei Entwicklungsstufen:

Die *erste Entwicklungsstufe* ist die einfachste. Sie besteht darin, den Inhalt wiederzugeben. Die Fähigkeit, das Gehörte zu wiederholen, ohne zu bewerten, ist das erste Stadium. Dabei geben Sie den Inhalt als Beobachtung wieder.

Die erste Entwicklungsstufe würde in der Umsetzung wie folgt lauten:

Ihre Bekannte sagt: *„Die Produktionsstätte wird nach Polen verlagert."* Ihre Beobachtung: *„Du hast gehört, die Produktionsstätte wird nach Polen verlagert."*

Die *zweite Entwicklungsstufe* des empathischen Zuhörens ist, den Inhalt in eigenen Worten wiederzugeben: *„Beziehst du dich auf die Betriebsversammlung, in der die Geschäftsleitung mitteilte, dass die Produktion von Frankfurt nach Danzig verlagert wird?"*

Diesmal haben Sie die Situation mit Ihren eigenen Worten ausgedrückt und gleichzeitig versucht, einen Bezug durch eine genaue Beobachtung herzustellen. Sie haben mit der linken, logischen-analytischen Gehirnhälfte die Beobachtung wiedergegeben.

In der dritten Stufe kommt die rechte Gehirnhälfte mit dazu. Sie verbalisieren das Gefühl und das Bedürfnis: *„Beziehst du dich auf die Betriebsversammlung, in der die Geschäftsleitung mitteilte, dass die Produktion von Frankfurt nach Danzig verlagert wird?* (Antwort abwarten.) *Bist du besorgt (Gefühl), weil du wissen möchtest, wie es weitergeht* (Bedürfnis nach Klarheit)?"

Sie achten jetzt nicht nur auf das, was gesagt wird, sondern auch darauf, wie sich die Person fühlt und welche Bedürfnisse sie hat. Sie verwenden Ihre beiden Gehirnhälften, um beide Seiten einer Botschaft (Sach- und Gefühlsebene) zu verstehen.

Mit empathischen Fragen ermöglichen Sie der anderen Person, sich mit ihren eigenen Gefühlen und Bedürfnissen zu verbinden und dadurch selbst gewählte Handlungsmöglichkeiten zu entdecken. Empathische Fragen sind aus diesem Grund kraftvoller als Informationsfragen wie „Wie fühlst du dich?" oder „Was brauchst du?".

10.2.1. Empathie auf einen Blick

Empathie und empathische Fragen

Situation	Hören Sie die Ausgangssituation der anderen Person.
Beobachtung	Übersetzen Sie die Bewertungen und Interpretationen der anderen Person in Beobachtungen. Erkennen Sie den Auslöser und beschreiben Sie diesen in Form von einer Beobachtung. **„Wenn Sie sehen/hören ... Beziehen Sie sich auf ...? Sagen Sie sich ...? Fragen Sie sich ...? Denken Sie an ...?**
Gefühl	Versuchen Sie, die Gefühle der anderen Person zu verbalisieren. Übersetzen Sie Nicht-Gefühle in Gefühle. **Sind Sie ...**
Bedürfnis	Verbinden Sie Gefühle mit den Bedürfnissen. **... weil Ihnen an ... gelegen ist?** **... weil Ihnen ... wichtig ist?** **... weil Sie ... brauchen?** **... weil Sie ... gerne hätten?**
Bitten	Versuchen Sie, empathisch die Handlungsmöglichkeiten zu hören. **Sie möchten gerne ...?** **Sie hätten gerne ...?** **Was könnte Ihr Leben verschönern?** **Was ist Ihr nächster Schritt?“**

10.3 Empathie im Kundenservice

Ein Beispiel aus dem Kundenservice. *Ein verärgerter Kunde ruft an: „Ich möchte meinen Servicevertrag bei Ihnen kündigen. Sie halten sich sowieso nicht an Ihre Versprechungen." Mitarbeiter: „Beziehen Sie sich auf Ihren gestrigen Anruf bei uns auf der Servicehotline? Sind Sie frustriert, weil Sie noch keinen Rückruf erhalten haben und Klarheit brauchen, wann Ihr Anliegen bearbeitet wird?"*

Gerade Mitarbeiter im Kundenservice oder Beschwerdemanagement sind in besonderem Maße mit Urteilen und Wertungen konfrontiert. Ihre Reaktion entscheidet im Anfangsdialog, also in den ersten Sekunden darüber, wie das weitere Gespräch verläuft. Ob es sich zuspitzt oder ob der Kunde Wertschätzungen und Respekt für seine Anliegen erfährt und gehört wird.

Kunde emotional ärgerlich: *„Zum wiederholten Male habe ich von Ihnen die falsche Ware bekommen. Von einem Großkonzern erwarte ich mir wirklich was anderes." Mitarbeiter: „Das muss ich prüfen. Können Sie mir Ihre Kundennummer sagen?"*

Die sachliche Frage nach der Kundennummer muss an dieser Stelle nicht grundsätzlich falsch sein. Es ist jedoch ziemlich wahrscheinlich, dass sich der verärgerte Kunde durch die sachliche Antwort nicht abgeholt fühlt. Wie Sigmund Freud in seinem Eisbergmodell deutlich machte (Eisbergmodell, s. Seite 34), erreichen Sie in der Kommunikation nur dann Ihr Ziel, wenn Sie auf derselben Ebene wie Ihr Gesprächspartner kommunizieren. Auf eine sachliche Frage kann eine sachliche Antwort folgen. Wenn Sie Ihren Steuerberater anrufen, brauchen Sie vermutlich keine Empathie, sondern Lösungen und Empfehlungen. Und wenn Ihr Haus brennt, brauchen Sie Feuerwehrleute, die handeln. In einer emotionsgeladenen Situation hingegen ist Empathie meist der bessere Weg, um Verständigung zu erzielen. Denn Empathie schafft die Voraussetzung dafür, dass Ihr Gesprächspartner wieder bereit ist, eine sachliche Information aufzunehmen. Empathie ist somit die Basis für wirkungsvolle Verständigung.

Ein empathischer Gesprächseinstieg könnte wie folgt lauten – *Kunde emotional ärgerlich: „Zum wiederholten Male habe ich von Ihnen die falsche Ware bekommen. Von einem Großkonzern erwarte ich mir wirklich was anderes." Mitarbeiter: „Sie sind verärgert und brauchen jetzt dringend die Information, was wir tun, damit Sie Ihre bestellte Ware schnellstmöglich bekommen?"*

Sie fragen sich jetzt vielleicht, ob eine solche Sprechweise Ihrem natürlichen Sprachfluss entspricht oder ob man wirklich einen Kunden fragen kann, ob er verärgert ist? Vielleicht kommen auch Gedanken wie: „Im Business muss doch einer sagen, wo es lang geht. Empathie kostet doch nur Zeit. Und wo ist die Lösung?"

Dennoch möchte ich Sie ermuntern, Empathie zu erproben und Ihre eigene Erfahrung zu machen. Sie werden sich wundern, was Sie erleben. Sie werden auf ganz andere Reaktionen treffen, als Sie je vermutet hätten, denn das Einfühlen in Menschen und ihre Botschaften hat eine ganz andere Qualität der Beziehung und des Vertrauens.

Nutzen Sie Reklamationen als Chance. Ein gelungenes Beschwerdemanagement kann die Grundlage für eine dauerhafte, vertrauensvolle und belastbare Beziehung sein. Ein wesentlicher Punkt in Beziehungen ist das Vertrauen. Vertrauen entsteht, wenn Kunden durch Ihre Kommunikationshaltung Anerkennung und Wertschätzung erleben. Wenn ihre Anliegen ernst genommen werden und sie empathisch gehört werden. Dafür ist ein Dialog auf Augenhöhe nötig.

Bei einem großen deutschen Dienstleister wurde das Callcenter auf Wertschätzende Kommunikation geschult. Nach einiger Zeit sollten die Ergebnisse der Schulung ermittelt werden. Es wurden Testanrufe durchgeführt. Doch bei der Evaluation waren zunächst keine nennenswerten Änderungen festzustellen. Die Bewertungen der Testanrufer hatten sich nicht verändert. „Freundliche Gesprächsführung", so lautete die Einschätzung zumeist. Erstaunliches zeigte sich jedoch bei der Befragung der Callcenter-Mitarbeiter. Insbesondere in den Punkten Effizienz und Mitarbeiterzufriedenheit hatte es große Veränderungen gegeben. So wurde die Zahl der bearbeiteten Anrufe um 20 Prozent gesteigert. Als Grund wurde genannt, dass die empathische Gesprächsführung den Kunden schneller abhole und dass das Ziel, den Kunden zufriedenzustellen, schneller erreicht werden konnte. Deshalb sei es möglich gewesen, in der gleichen Zeit mehr Gespräche zu führen. – Die Mitarbeiterzufriedenheit stieg nach dem Training in Wertschätzender Kommunikation von zuvor 48 auf dann 74 Prozent.

Das zeigt, dass die empathische Gesprächsführung, mal ganz abgesehen von Effizienzsteigerungen, auch das Miteinander positiv beeinflusst und einen großen Mehrwert für die Mitarbeiter schafft.

Ein Mitarbeiter erklärte das so: *„In unserem Training wurden wir zum ersten Mal empathisch gehört. Dadurch haben wir gelernt, auch unsere Kunden empathisch zu hören. Das macht mehr Freude, als zu denken: Wieder ein Gespräch, nach dem jeder auflegt und keine der beiden Seiten zufrieden ist. Empathische Gespräche sind für mich gelungene Gespräche, über die ich mich freue, und das gibt Kraft für den nächsten Anruf."*

10.4 Bad News

Wie viel Zeit und Nerven kostet es Sie in Ihrem Job, Missverständnisse aus dem Weg zu räumen? Und wie oft kommt es vor, dass Arbeitsanweisungen, Veränderungen und Informationen nicht so verstanden werden, wie Sie glauben, sie gesagt zu haben? Wie oft müssen Sie Dinge wiederholen und wie häufig werden Sie mit unausgesprochenen Problemen konfrontiert?

Vielleicht denken Sie, dass Empathie Zeit kostet. Zeit, die Sie als Führungskraft nicht haben. Ich behaupte jedoch das Gegenteil. Empathie ist effizient! Als differenzierter, einfühlsamer Zuhörer können Sie heraushören, was sich tiefer im Menschen abspielt. Sie brauchen mit Empathie nicht annähernd so lange, um Missverständnisse zu klären, wie ohne.

Studien zeigen, dass sich die Zeit von Verhandlungen und Konflikten halbiert, wenn zuerst wiederholt wird, was vom anderen gehört wurde, bevor eigene Statements genannt werden.

Gerade bei schwierigen Botschaften, wie etwa in dem Beispiel der Produktionsverlagerung nach Polen, ist es wichtig, dass Sie als Vorstand oder Führungskraft nicht nur auf der Sachseite kommunizieren, sondern die Mitarbeiter auf der Beziehungsseite mit ihren Nöten und Sorgen hören. Das bedeutet nicht, dass Sie eine heile Welt vorgaukeln. Dennoch ist es so, dass die Mitarbeitenden gehört, verstanden und ernst genommen werden wollen.

Auf die Beziehungsseite zu gehen wird häufig vermieden, weil Menschen in Unternehmen nichts mit Schmerz und unangenehmen Gefühlen wie Angst, Trauer, Sorge zu tun haben wollen.

Ich habe mehrfach erlebt, wie Firmenchefs ihren Mitarbeitern gegenüber betont haben, dass sie ihren Arbeitsplatz – Krise hin oder her – nicht verlieren werden. Eigentlich eine gute Nachricht. Aber die Angst und die Sorgen in Bezug auf einen möglichen Arbeitsplatzverlust waren trotzdem da, weil nur auf der Sachseite kommuniziert wurde. Die reine Information wurde nicht fühlbar als Vertrauen erlebt.

Bei unserem Beispiel könnte die Beziehungsebene wie folgt angesprochen werden:

- „Wenn Sie jetzt hören, dass die Produktion von Frankfurt nach Danzig verlegt wird, sind Sie besorgt und brauchen Klarheit, wie wir damit umgehen. Diese Klarheit und Transparenz möchten wir Ihnen heute gerne geben ...“
- „Sicherlich fragen Sie sich, wie es dazu gekommen ist ...“
- „Sicherlich fragen Sie sich, wie es für Sie weitergeht ...“

- „Bestimmt sind einige von Ihnen sehr besorgt und haben Angst um Ihre wirtschaftliche Sicherheit ..."
- „Vielleicht hätten Sie jetzt gerne eine Lösung, jedoch ..."

Welchen Unterschied das Ansprechen der Beziehungsebene macht, können Sie der Aussage eines Geschäftsführers entnehmen, der eine schwierige Botschaft empathisch an 400 Mitarbeitende kommunizierte – Geschäftsführer: *„Wir haben ehrlich und transparent kommuniziert und die Mitarbeiter sowohl auf der Sach- als auch auf der Beziehungsebene erreicht. Und das, obwohl die Nachrichten nicht so gut waren. Wir haben die Grundprinzipien der Wertschätzenden Kommunikation eingehalten, kurz und klar und ehrlich, und haben die Gefühle und Bedürfnisse konstant und regelmäßig aufgegriffen und versucht, genau zu formulieren. Und es kam an! Ich hatte den Eindruck, dass sich die Menschen verstanden fühlten. Und mir ist aufgefallen, dass sich dadurch die Hierarchiestufen – die Einstellung der Leute: ‚Ihr da oben und wir hier unten' – aufgeweicht haben. Die empathischen Fragen ‚Sagen Sie sich ...?', ‚Denken Sie an ...?', ‚Überlegen Sie ...?', ‚Da fühlen Sie sich ..., weil Sie ... brauchen.' und die positiven Formulierungen der Bedürfnisse waren dabei sehr hilfreich."*

Über dieses Feedback habe ich mich sehr gefreut.

10.5 Empathie im Verkaufsgespräch

Ein anderer Seminarteilnehmer, ein Vertriebsmitarbeiter, rief mich nach einem Training an: *„Gestern hatte ich eine Produktpräsentation bei einem potenziellen Kunden. Er brachte mein befürchtetes Totschlag-Argument: ‚Ich glaube, die Produkte Ihres Marktpartners, die wir jetzt einsetzen, reichen für unsere Belange aus.' Dann erinnerte ich mich an das Training: Erst empathisch hören und dann die eigenen Anliegen nennen. So antwortete ich: ‚Beziehen Sie sich auf das Produkt xy von der Firma xy? Und Sie fragen sich, wo genau die Vorteile liegen, die wir Ihnen mit unserem neuen Produkt bieten könnten?'*

Ich versuchte, die Bedenken meines Kunden wirklich zu verstehen. Also sagte ich: ‚Ich möchte gerne prüfen, ob unser Angebot für Ihre Belange wirklich relevant ist oder nicht.' Ich bemühte mich, die Bedürfnisse und Sorgen meines Kunden in Worte zu fassen – und er begann sich zu öffnen. Je mehr er merkte, welche Aspekte ihm Sorgen bereiteten und welche Ergebnisse er erwartete, desto deutlicher wurde ihm, auf was er besonders zu achten hatte. Nach einiger Zeit sagte er: ‚Sie haben den Auftrag.“

Der Vertriebsmitarbeiter hatte den Mann empathisch gehört und sich für dessen Bedürfnisse, Anliegen und Gefühle geöffnet. Das ist eine große Einzahlung auf das Beziehungskonto.

Wenn Sie Akquise-Gespräche führen, sagen Sie Ihrem Kunden aufrichtig: „Lassen Sie mich sehen, ob ich Ihre Ziele und Ihre Anliegen wirklich verstanden habe und ob ich alle Ihre Bedenken kenne.“ Dann versuchen Sie das Gehörte empathisch wiederzugeben. Nehmen Sie sich dafür Zeit. Es kann passieren, dass Sie von dem, was Sie anfangs im Sinn hatten abweichen, weil Sie sich auf die Bedürfnisse des Kunden einlassen. Sie liefern keine grandiose Rhetorik, sondern ein empathisches Gespräch, was zur Klarheit und zum Vertrauen beiträgt. Vertrauen ist Grundlage für alle Geschäftsbeziehungen.

Jedoch ist es auch wichtig, die Integrität zu besitzen und sagen zu können: „Ich bedauere, aber unsere Dienstleistung oder Produkte werden Ihre Anliegen und Ihre Bedürfnisse nicht erfüllen, aber wir können Ihnen alternativ ... anbieten.“ Diese Ehrlichkeit trägt zum Vertrauen in Geschäftsbeziehungen bei.

Ich möchte an dieser Stelle noch einmal betonen, dass die empathische Kommunikation nur dann zur Verbindung und zum Erfolg beiträgt, wenn sie aus aufrichtigen Absichten heraus entsteht.

10.6 Empathie in der Familie

Das ist nicht so leicht, wie Sie folgendem Beispiel entnehmen können. Eine Mutter zu Ihrer 17-jährigen Tochter:

„Komm, sag mir, wie du dich fühlst. Irgendetwas ist doch. Ich weiß, wie schwierig es ist, über Probleme zu reden, aber ich werde versuchen zu verstehen." Tochter: „Ach ich weiß nicht, Mami. Du findest es bestimmt nicht gut." Mutter: „Nein bestimmt nicht, ich höre dir zu, und mich interessiert es wirklich. Ich habe dich doch lieb. Also was macht dich so unglücklich?" Tochter: „Also gut, ich mag die Schule einfach nicht mehr." Mutter: „Was? Was heißt das, du magst die Schule nicht mehr? Nach all dem, was wir an Geld in deine Schulausbildung gesteckt haben. Eine gute Ausbildung ist doch das Wichtigste für deine Zukunft. Du hast doch die Fähigkeiten, du müsstest nur mehr Lernen. Also erzähl mal weiter."

Merken Sie in diesem Beispiel die starke Tendenz dazwischenzufunken, zu belehren und Ratschläge zu erteilen? Das ist trennende Kommunikation. Der Verbindungsfaden reißt, die Tochter schaltet ab. Nehmen Sie sich immer wieder Zeit, eine empathische Verbindung aufzunehmen und Ihre eigenen Absichten zu überprüfen.

Bevor ich die Wertschätzende Kommunikation in Seminaren und als Coach anbot, erprobte ich sie mit meinem Mann und meinen drei Kindern. Gerade in der Familie und mit Menschen, die einem sehr nahestehen, ist es häufig besonders schwer, empathisch zu hören und nicht die Kritik oder den Angriff hinter einer Aussage zu vermuten. So hörte ich von meinen Kindern in der Anfangsphase Kommentare wie: „Lass uns mal in Ruh' mit deinem neuen Psychokram, sprich normal mit uns." Aber ich blieb dabei, weil ich es unbedingt wollte, und heute wenden es meine Kinder selbst an.

Wenn ich meinen Mann heute (in einem leicht genervten Ton) frage: „Gehst du schon wieder zum Handball?", bin ich sehr froh, dass er hinter meiner Aussage meine Bedürfnisse hören kann und etwas antwortet wie: „Bist du frustriert, weil du gerne Nähe und Austausch hättest? Und du würdest gerne den Abend mit mir verbringen?"

Es tut gut, wenn man gehört, ernst genommen und verstanden wird. Es geht dann nicht mehr darum, ob mein Mann zum Handball geht oder nicht, sondern es geschieht Verbindung und gegenseitige Wertschätzung.

Auch wenn einer meiner Söhne mal wieder nicht gemacht hat, was ich mir gerade vorgestellt habe, tut es mir und dem gemeinsamen Miteinander gut, wenn ich nicht in die Angriffsrolle gehe, sondern empathisch versuche, hinter dem „Nein" seine Bedürfnisse zu erahnen:

So antwortete Malte auf die Frage, ob er den Rasen mähen könne: „Nein, jetzt nicht." Statt zu antworten: „Kannst du nicht auch mal was tun, du hast schließlich Ferien", fragte ich empathisch nach: „Möchtest du gern deinen ersten Ferientag so richtig genießen?" Er: „Ja genau! Ist es o.k., wenn ich morgen den Rasen mähe?"

Es fällt mir nicht immer leicht, die Bedürfnisse aller zu sehen und zu erkennen, dass es nicht darum geht, immer das zu bekommen, was ich möchte. Doch wenn es mir gelingt, bedeutet das Lebensverschönerung für alle und trägt erheblich zum Familienfrieden und zur eigenen Zufriedenheit bei.

Das geht nicht von heute auf morgen. Es hat viel Zeit gebraucht, bis alle in der Familie darauf vertrauen konnten, dass die Bedürfnisse aller gehört und berücksichtigt werden, basierend auf Wertschätzung, Autonomie und Achtsamkeit. Es hat auch gedauert, bis unsere Kinder darauf vertrauten, dass wir als Eltern Bitten stellten und keine Forderungen und dass sie „Nein" sagen durften. Und es hat auch Zeit gebraucht, bis mein Mann und ich darauf vertrauen konnten, dass wir nicht allein für den Haushalt zuständig sind.

10.7 Effektivität steigern durch Empathie

Achten Sie darauf, dass Ihr Gesprächspartner die Gelegenheit hat, sich in seinen Anliegen vollständig ausdrücken zu können. Wenn Sie zu schnell zu Handlungen und Lösungen kommen, besteht die Gefahr, dass Ihr Interesse an den Gefühlen und Bedürfnissen der anderen Person nicht als echt wahrgenommen wird. Es entsteht möglicherweise der Eindruck, dass Sie es eilig haben und das Problem loswerden möchten. Außerdem ist das, was zuerst angesprochen wird, häufig nur die Spitze des Eisbergs. Wenn Sie sich Zeit nehmen und weiter empathisch hören, gelangen Sie häufig zu den tiefer liegenden Gründen. Diese Chance geben Sie auf, wenn Sie zu schnell auf die Handlungsebene gehen. Hierzu ein ausführlich formuliertes Beispiel: Eine Führungskraft spricht mit einer Mitarbeiterin:

Mitarbeiterin: *„Meine Kollegin ist unmöglich. Wenn sie mich vertritt, tauchen überall Fehler auf."*

Führungskraft: *„Das klingt, als wären Sie frustriert und auf der Suche nach einer Möglichkeit, wie Sie mit Frau S. so in Kontakt kommen können, dass sie wirklich versteht, was genau ihre Vertretungsaufgabe ist."*

Mitarbeiterin: *„Ja, vielleicht bin ich nicht in der Lage zu vermitteln, was ich will. Ich frage mich, wie ich mich so ausdrücken könnte, dass die Kollegin versteht, was ich will oder wie ich rückkoppeln könnte, dass wir beide vom Gleichen ausgehen?"*

Führungskraft: *„Wenn Sie sich diese Fragen stellen, fühlen Sie sich ermutigt und würden Sie gerne einen anderen Gesprächsdialog führen, bei dem Sie anders in Verbindung treten?"*

Mitarbeiterin: *„Ja genau. Aber ärgerlich bin ich auch, dass sie das gleiche Geld verdient wie ich, obwohl ich hier viel mehr leiste und mehr Verantwortung übernehme."*

Führungskraft: *„Wenn Sie an die Arbeit in den letzten drei Wochen denken, wie groß Ihr Einsatz war, sind Sie frustriert und Sie möchten, dass Ihre Arbeit gesehen wird und Wertschätzung findet?"*

Mitarbeiterin: *„Ja, da ich hier wirklich viel Einsatz gezeigt habe und im Moment keinen Ausgleich mehr zwischen Arbeit und Freizeit sehe und besorgt bin, wie ich das auf Dauer durchhalten soll."*

Führungskraft: *„Das heißt, Sie machen sich Sorgen, ob Sie den Einsatz, den Sie hier leisten, auch auf Dauer erfüllen können, und fragen sich, wann Sie Zeit für sich und Ihre Regeneration haben?"*

Mitarbeiterin: *„Genau, das frage ich mich. Ich bräuchte mal wieder einen Tag für mich. Wann kann ich meine Überstunden abfeiern? Und ich möchte Sie fragen, wer mich beim nächsten großen Projekt unterstützen kann."*

Führungskraft: *„Ich bin Ihnen dankbar für Ihre Offenheit und Ihr Vertrauen, dieses Thema bei mir anzusprechen. Lassen Sie uns planen, wann Sie einen oder mehrere freie Tage nehmen können. Gemeinsam werden wir auch überlegen, welche Arbeiten Sie delegieren können, damit Sie Entlastung bekommen. Passt das für Sie?"*

Mitarbeiterin: *„Ja, dann mache ich mir schon einmal Gedanken, an wen ich Arbeiten am sinnvollsten delegieren könnte und schaue, an welchen Tagen ich gerne frei hätte. Dann können wir das übermorgen in unserem Gespräch klären."*

Führungskraft: *„Ja, gerne. Und Sie hatten das Thema angesprochen, dass Sie gerne wissen möchten, wie Ihre Arbeit hier gesehen und wertgeschätzt wird. Ist das so?"*

Mitarbeiterin: *„Ja, dass würde ich gerne hören."*

Führungskraft: *„Das ist mir auch wichtig und darüber möchte ich gerne in Ruhe mit Ihnen sprechen. Passt es für Sie, wenn wir das übermorgen als einen Punkt in unserem Gespräch aufnehmen?"*

Mitarbeiterin: *„Ja, dann freue ich mich auf unserer Gespräch."*

Das empathische Hören veranlasst Menschen, nach innen zu schauen. Am Ende eines empathischen Gesprächs fühlt sich Ihr Gesprächspartner meist erleichtert und angeregt, weil er Menschlichkeit und Verständnis erlebt hat. Ein Zeichen für das Ende eines Empathie-Prozesses ist, dass der andere aufhört zu sprechen oder dass es eine Lösung gibt. Um sicher zu sein, können Sie folgende Frage stellen: „Gibt es noch etwas, was Sie mir sagen möchten?"

Fangen Sie jetzt an! Empathie können Sie sofort umsetzen. Schon den nächsten Dialog können Sie empathisch führen. Selbst wenn Menschen sich nicht öffnen und vorsichtig sind, können Sie einfühlsam sein. Seien Sie pro-aktiv und fangen Sie jetzt an!

- Hören Sie Ihren Mitarbeitenden oder Kollegen in Einzelgesprächen zu. Nicht nur einmal im Jahr, wenn ein Mitarbeiter-Gespräch angesetzt ist.
- Schaffen Sie Raum für menschliche Begegnungen. Schaffen Sie Raum für ehrliches und klares Feedback auf jeder Ebene.
- Nehmen Sie die zwischenmenschliche Ebene genauso wichtig wie Sachinformationen, wie finanzielle und technische Aspekte.
- Versuchen Sie empathisch zu hören, bevor Sie werten und urteilen.

- Fragen Sie Ihre Mitarbeiter, was sie brauchen, damit ihre Bedürfnisse nach Vertrauen, Zufriedenheit, Inspiration und Kooperation erfüllt werden. Hören Sie die Antworten empathisch.

Empathie in der Familie:

- Verbringen Sie Zeit mit Ihren Kindern. Nehmen Sie sich Zeit für jedes Kind einzeln, um es empathisch wahrzunehmen.
- Hören Sie Ihrem Partner, Ihrer Partnerin aufmerksam zu. Nehmen Sie sich dafür Zeit und versuchen Sie, sich gegenseitig empathisch zu hören.
- Nehmen Sie das Leben einer anderen Person aus deren Perspektive wahr. Steigen Sie innerlich „in die Welt" des anderen. Sie werden überrascht sein, was Sie alles erfahren.

Die Zeit, die Sie investieren, bringt Ihnen eine offene Kommunikation, Vertrauen und Lebensverschönerung auf beiden Seiten.

Bedenken Sie immer wieder, dass unterschiedliche Ansichten und Meinungen keine Stolpersteine in der Kommunikation sein müssen, sondern Fortschritte für weitere Alternativen und Synergien sein können.

10.8 Übung: Empathie

In der folgenden Übung können Sie prüfen, ob empathisch kommuniziert wurde. Kreuzen Sie die Aussagen an, bei denen Sie glauben, dass die Aussage von Person B empathisch gehört wird.

Sprachmuster	Wurde die Aussage empathisch gehört?
1. Person A: „Ich ärgere mich, wenn meine Mitarbeiterin die Personalakten offen auf ihrem Schreibtisch liegen lässt." Person B: „Das kenne ich von meiner Sekretärin auch, vertrauliche Dinge werden oft offen liegen gelassen."	
2. Person A: „Die Vorbereitungen für den Kongress kosten mich im Moment ganz schön viel Zeit." Person B: „Sie sind ganz nervös, wenn Sie daran denken, was Sie noch alles arrangieren sollen, und brauchen Unterstützung und Rücksichtnahme?"	
3. Person A: „Ich werde für meinen Job nicht angemessen bezahlt." Person B: „Wenn Sie an die Arbeit in den vergangenen drei Wochen denken, wie groß Ihr Einsatz war, sind Sie frustriert und Sie möchten, dass Ihre Arbeit gesehen wird und auch Wertschätzung findet?"	
4. Person A: „Ich ärgere mich, wenn Sie die Aufgaben nicht so erledigen, wie ich es Ihnen gesagt habe." Person B: „Aber Sie haben doch gesagt, ..."	
5. Person A: „Meine Chefin hört mir nie zu." Person B: „Du musst dich einfach genauer ausdrücken."	
6. Person A: „Mein Mann ist nie da, er ist jeden Abend bis 22 Uhr in der Firma." Person B: „Und dir wäre wichtig, wenn er öfter bei dir wäre?"	
7. Person A: „Mein Urlaub war wunderschön." Person B: „Haben Sie sich gut erholt und haben Sie die Sonne und das Wandern richtig genossen?"	

Sprachmuster	Wurde die Aussage empathisch gehört?
8. Person A: „Ihre Leistung enttäuscht mich, Sie hätten einfach 20 Prozent mehr Umsatz machen müssen.“ Person B: „Sie sind frustriert, aber wir hatten doch so viele Ausfälle, wegen Mutterschutz und Krankheiten.“	
9. Person A: „Sie haben zum wiederholten Male die falsche Ware geliefert.“ Person B: „Sie sind verärgert und möchten jetzt schnellstmöglich geklärt haben, bis wann die bestellte Ware bei Ihnen eintrifft.“	
10. Person A: „Wie sieht es denn hier schon wieder aus. Die Teller vom Frühstück stehen ja immer noch rum.“ Person B: „Wenn es dich stört, dann räume es doch selbst weg. Du kannst doch auch mal was im Haushalt tun.“	

Hier meine Einstellungen:

1. Diese Aussage halte ich nicht für empathisch, da die Person es auf sich bezieht. Empathisch könnte z.B. sein: „Sind Sie frustriert, weil Ihnen wirklich wichtig ist, dass mit Personalakten achtsam und vertraulich umgegangen wird?“
2. Die Person reagiert empathisch.
3. Die Person reagiert empathisch.
4. In diesem Beispiel rechtfertigt sich Person B. Empathisch könnte sie sagen: „Ärgern Sie sich, weil Sie eine andere Vorstellung hatten?“
5. In diesem Beispiel versucht Person B Ratschläge zu geben. Empathisch könnte es heißen: „Wenn du sagst, deine Chefin hört dir nie zu, denkst du da an die morgendlichen Besprechungen? Bist du frustriert, weil dir wichtig ist, den Tagesablauf in Ruhe durchzugehen?“
6. Wenn Sie sich für Empathie entschieden haben, stimme ich teilweise überein. Person B greift die Gedanken von Person A auf. Damit A jedoch mehr in Kontakt kommt mit ihren Gefühlen und Bedürfnissen, würde ich die Gefühle und Bedürfnisse aufgreifen, anstatt mich auf die Gedanken zu beziehen. Meine Frage würde so lauten: „Regst du dich auf, weil dir Nähe wichtig ist?“
7. Die Person reagiert empathisch.

8. Die Person beginnt mit einer empathischen Resonanz auf das Gefühl, geht jedoch dann in eine Rechtfertigung. Empathisch könnte es sich so anhören: „Sie sind frustriert und Sie hätten gerne Klarheit, wie dieser Umsatzrückgang zustande kommt?“
9. Die Person reagiert empathisch.
10. Die Person geht in einen Angriff. Empathisch könnte es sich wie folgt anhören: „Regt es dich auf, weil du gerne Ordnung hättest und dich entspannen möchtest?“

Übung: Empathischer Gesprächseinstieg

Denken Sie an einen Menschen (Mitarbeiterin/Kollegin/Vorgesetzte/Geschäftspartner), mit dem die Zusammenarbeit nicht so läuft, wie Sie es sich vorstellen. Denken Sie an eine konkrete Situation und versuchen Sie, dies aus der Sicht der anderen Person zu sehen.

Du-Beobachtung Beschreiben Sie genau, was Sie vermuten, dass die andere Person gesehen oder gehört haben könnte, ohne die Situation mit eigenen Bewertungen zu interpretieren.	⇢ „Wenn Sie an ... denken, ... ⇢ „Wenn Sie hören ... ⇢ „Wenn Sie sehen ...
Du-Gefühl Wie könnte sich die andere Person fühlen?	Sind Sie ...,
Du-Bedürfnis Versuchen Sie das Bedürfnis der anderen Person zu benennen.	... weil Ihnen ... wichtig ist.
Du-Bitte Versuchen Sie die Bitte der anderen Person zu benennen.	Und Sie hätten gerne ...“

Weitere Trainings-Möglichkeiten

⇢ Erzählen Sie einer Person Ihres Vertrauens, dass Sie in der nächsten Woche die Einfühlsame Kommunikation ausprobieren möchten. Bitten Sie um Feedback nach einer Woche und tauschen Sie sich über Ihre Erfahrungen aus. Wie ist es Ihnen ergangen? Und wie hat sich die Person gefühlt, die empathisch gehört wurde?

- Beobachten Sie bei den nächsten Gesprächen oder Meetings die Gefühlsbotschaften. Beobachten Sie, was auf der Gefühlsseite kommuniziert und was nicht kommuniziert wird.
- Beobachten Sie sich in der nächsten Zeit, wenn Sie über Menschen urteilen oder sie bewerten. Erkennen Sie Ihre Reaktionsmuster und versuchen Sie, diese Reaktionen ohne Selbstverurteilung in empathisches Zuhören umzuwandeln.
- Versuchen Sie bei der nächsten Gelegenheit, Botschaften empathisch zu hören.

Wenn Sie merken, dass Sie nicht empathisch hören können, dann ist das meist ein Hinweis darauf, dass Sie selbst Empathie brauchen! Vielleicht ist die eigene Anspannung oder der eigene Frust zu groß, um in diesem Moment empathisch auf den anderen reagieren zu können.

In diesen Situationen ist es gut, sich zunächst mit sich selbst zu verbinden. Richten Sie Ihre Aufmerksamkeit dabei auf sich und hören Sie, was in Ihnen vorgeht und was Sie in der aktuellen Situation brauchen. Wenn Sie in Selbstempathie geübter sind, kann das in nur wenigen Sekunden geschehen und Sie können dann klar und authentisch im Außen kommunizieren (siehe Kapitel Selbstempathie).

11. Vier Wahlmöglichkeiten des Hörens – Umgang mit Angriffen und Vorwürfen

Der Verlauf und der Ausgang eines Gespräches liegen nur selten von vornherein fest. Meist entscheidet sich innerhalb eines kurzen Moments, ob ein Gespräch negativ oder positiv verläuft. Im Nachhinein fragen Sie sich dann vielleicht: „Was ist passiert?“ Oder: „Woran hat es gelegen, dass wir bei diesem Gespräch keinen Konsens gefunden haben und das Gespräch in einem Streit endete?“ Auslöser sind zumeist Aussagen, die als Vorwurf gehört wurden.

Ihr Hören beeinflusst Ihr Handeln, daher ist es hilfreich zu wissen, mit welchen Ohren Sie hören und wie Sie auf Aussagen von anderen Personen reagieren, unabhängig davon, ob Ihr Gegenüber in einer urteilenden Sprache oder in Wertschätzender Kommunikation mit Ihnen spricht.

Konzentrieren Sie sich in Aussagen anderer nicht auf den Angriff oder die Kritik. Hören Sie mit Empathie-Ohren die dahinter liegenden Bedürfnisse. Erkunden Sie die Anliegen anderer Menschen, unabhängig davon, wie sie sich ausdrücken. Realisieren Sie, dass jeder Angriff oder Vorwurf der missglückte Versuch ist, Bedürfnisse auszudrücken. Durch Ihr empathisches Hören können Sie jeden Angriff und jede Kritik in eine bedürfnisorientierte Sprache übersetzen.

Sicherlich sind Sie geübter darin, mit Urteils-Ohren zu hören. Diese Ohren haben Sie jahrelang gelernt und sie funktionieren mit einer rasenden Geschwindigkeit. – Wenn Sie mit Urteils-Ohren hören, bleiben Sie jedoch in einem System von Rechthaben und Unrecht haben und in Machtstrukturen verstrickt. Auf einen Vorwurf folgt normalerweise ein Gegenangriff oder eine Verteidigung. Wenn Sie mit Empathie-Ohren hören, wird Ihr Gespräch einen anderen Verlauf nehmen. Es wird ein Dialog entstehen. Es lohnt sich deshalb, die vier Ohren zu kennen, um dann im Gespräch entsprechend zu agieren bzw. zu reagieren. Hierzu folgende Abbildung:

Wahlmöglichkeiten des Hörens

Nehmen wir folgendes Beispiel – Ihre Vorgesetzte sagt zu Ihnen: *„Gelingt es Ihnen auch mal, ein Projekt pünktlich abzuschließen?!“*

Hören Sie mit **Urteils-Ohren nach innen**, dann denken Sie: *„Ich schaffe es nie, pünktlich fertig zu werden. Ich bin eine lahme Ente.“*

Hören Sie den Satz mit **Urteils-Ohren nach außen**, dann denken oder sprechen Sie tatsächlich aus: *„Dann hätten Sie sich darum kümmern müssen, dass wir die fehlenden Informationen früher bekommen.“*

Mit **Empathie-Ohren nach innen** teilen Sie der anderen Person mit, wie es Ihnen geht und welche Bedürfnisse Sie haben: *„Ich habe Informationen von der Abteilung A gestern bekommen. Abgesprochen war, dass ich diese Information am ... (Datum benennen) bekomme. Ich bin frustriert, weil auch mir wichtig ist, dass Absprachen eingehalten werden. Wie können wir sicherstellen, dass wir alle Informationen von den anderen Abteilungen termingerecht bekommen?“*

Mit **Empathie-Ohren nach außen** hören Sie die Bedürfnisse der anderen Person und sagen: *„Beziehen Sie sich auf Projekt XY und den abgesprochenen Termin? Sind Sie frustriert, weil Sie möchten, dass Absprachen eingehalten werden?“*

Urteils-Ohren nach innen:	„Nie schaffe ich es. Ich bin eine lahme Ente."
Urteils-Ohren nach außen:	„Da hätten Sie mir die fehlenden Informationen früher geben müssen."
Empathie-Ohren nach innen:	„Ich bin frustriert, weil auch mir wichtig ist, dass Absprachen eingehalten werden."
Empathie-Ohren nach außen:	„Sind Sie frustriert, weil Sie möchten, dass Absprachen eingehalten werden?"

11.1 Übungen: Wahlmöglichkeiten des Hörens

Übung: Mit welchen Ohren wurde gehört?

Vorgesetzter:	„Immer machen Sie so viele Fehler. Nie läuft es so, wie ich mir das vorstelle. Wenn das so weiter geht, können Sie sich bald um eine neue Stelle bemühen."	
Beispiel 1 – Mitarbeiterin:	„Ja, ich weiß, in letzter Zeit mache ich so viele Fehler. Es tut mir leid. Ich werde versuchen, alles besser zu machen."	☐ Urteils-Ohren nach innen ☐ Urteils-Ohren nach außen ☐ Empathie-Ohren nach innen ☐ Empathie-Ohren nach außen
Beispiel 2 – Mitarbeiterin:	„Beziehen Sie sich auf die Lieferung an den Kunden X, wobei 1.000 Artikel in grün statt in blau geliefert wurden? Sie sind frustriert, weil Ihnen Verlässlichkeit wichtig ist? Möchten Sie mich jetzt bitten, dass ich Ihnen Vorschläge mache, wie wir unser Qualitätsmanagement verbessern können?"	☐ Urteils-Ohren nach innen ☐ Urteils-Ohren nach außen ☐ Empathie-Ohren nach innen ☐ Empathie-Ohren nach außen
Beispiel 3 – Mitarbeiterin:	„Was glauben Sie denn, warum in unserer Abteilung Fehler gemacht werden! Sie kümmern sich ja nicht um die Personalplanung!"	☐ Urteils-Ohren nach innen ☐ Urteils-Ohren nach außen ☐ Empathie-Ohren nach innen ☐ Empathie-Ohren nach außen
Beispiel 4 – Mitarbeiterin:	„Wenn ich daran denke, dass Frau XY in Mutterschutz ist, Herr X seit zwei Monaten krank ist und wir die gleiche Arbeit mit sechs Kollegen anstatt mit acht erledigen, bin ich frustriert, weil mir Verlässlichkeit und Qualität wichtige Anliegen ist. Auch mir ist wichtig, dass unsere Kunden zufrieden sind. Sind Sie bereit, für zwei Monate eine Aushilfe einzustellen?"	☐ Urteils-Ohren nach innen ☐ Urteils-Ohren nach außen ☐ Empathie-Ohren nach innen ☐ Empathie-Ohren nach außen

Sie stimmen mit mir überein, wenn Sie wie folgt angekreuzt haben:

Beispiel 1: Urteils-Ohren nach innen

Beispiel 2: Empathie-Ohren nach außen

Beispiel 3: Urteils-Ohren nach außen

Beispiel 4: Empathie-Ohren nach innen

Übung: Reaktionen auf Kommunikations-Sackgassen

Welche Antworten könnten Sie auf folgende Kommunikations-Sackgassen geben, wenn Sie mit den empathischen Ohren reagieren?

Kommunikations-Sackgassen	Mögliche Antwort
Interessent zu Verkäufer: „Die Produkte Ihres Marktpartners reichen für unsere Belange aus."	
Kunde zum Anbieter: „Das ist alles zu teuer. Wir haben andere Angebote vorliegen, die 20 Prozent unter Ihrem Angebot liegen."	
Chef zum Mitarbeiter: „Kommen Sie doch nun endlich mal auf den Punkt."	
Lehrer zum Schüler: „Du passt nie auf."	

Meine Antworten sind mögliche Ansätze. Bei den Empathie-Ohren haben Sie die Möglichkeit, entweder auf der Ebene der Beobachtung, des Gefühls, des Bedürfnisses oder der Bitte zu reagieren. Selbstverständlich können Sie mehrere Ebenen kombinieren.

Kommunikations-Sackgasse	Beispiel
Verkäufer:	„Sie denken an das Produkt xy von der Firma S.? Fragen Sie sich, wo genau könnten Unterschiede sein, die Ihnen nutzen? (Antwort: Ja.) Möchten Sie gerne Klarheit, wo genau die Unterschiede liegen?“
Anbieter:	„Beziehen Sie sich auf unserer Angebot vom ...? (Antwort: Ja.) Sie sind überrascht, wie es sein kann, dass unser Angebot im Vergleich zu unserem Marktpartner 20 Prozent teurer ist? Darf ich Ihnen Klarheit geben, wo wir den entscheidenden Unterschied sehen? Hätten Sie gerne Klarheit, wie sich unser Angebot zusammensetzt?“
Mitarbeiter:	„Ihnen ist Effizienz wichtig und Sie möchten nur die Fakten, die für Ihre Entscheidung wichtig sind?“
Schüler:	„Möchten Sie wissen, was ich brauche, um Ihrem Unterricht folgen zu können?“

Weitere Übungsmöglichkeiten

Notieren Sie Vorwürfe und Angriffe, die Sie gehört haben. Überlegen Sie, wie Sie diese Angriffe und Vorwürfe mit Empathie-Ohren nach innen und/oder nach außen hätten hören können.

12. Ärger kostet Zeit

Zehn Minuten Ärger kostet Sie mehr Energie als acht Stunden Arbeit. Ärger raubt Ihnen Vitalität, gefährdet Ihr Zeitmanagement, Ihre Gesundheit und vor allem Ihre Lebensfreude. Ärger in Ihrem Gehirn ist vergleichbar mit Viren in Ihrem Computer!

Bedenken Sie, dass Mitarbeiter ihren Ärger nicht für sich behalten, sondern mit Dritten besprechen werden, was Ihr Unternehmen endlos Zeit und damit Kapital kostet. Es ist höchst interessant, wie eine innerhalb einer Sekunde dahergeplapperte „giftige" Bemerkung Menschen zwei Stunden lang arbeitsunfähig machen kann. Ärger kann über lange Zeit hinweg das Betriebsklima stören. Ärger kostet also in jedem Fall Arbeits- und Lebenszeit.

„Ich ärgere mich über meine Chefin!" Oder: „Ich ärgere mich über einen Mitarbeiter." Geht das? Es geht nicht – das wissen Sie vermutlich, wenn Sie die anderen Kapitel bereits gelesen haben. Sie selbst produzieren den Ärger, weil Sie denken, mit der anderen Person sei etwas nicht in Ordnung. Es ist Ihr Denken, das den Ärger verursacht, weil Sie aufgrund Ihres Wertesystems eine Vorstellung davon haben, wie die andere Person sein oder wie sie sich verhalten sollte. Häufig resultiert Ärger aus einer Forderung an eine andere Person, die zurzeit nicht Ihre Erwartungen erfüllt. Der Ärger von heute sind häufig die Bitten von gestern, die vermutlich nicht oder nicht klar und gegenwartsbezogen geäußert wurden.

Wir sind in Verhaltensmustern aufgewachsen, in denen wir unseren Ärger nur sehr oberflächlich ausdrücken, meistens indem wir jemand anderen dafür verantwortlich machen oder beschuldigen: „Ich ärgere mich darüber, dass der Mitarbeiter immer zu spät kommt." Achten Sie einmal auf Ihre Sprache und Sie werden schnell feststellen, wie viele Formulierungen es gibt, die Menschen glauben lassen, dass Gefühle aus dem resultieren, was andere tun oder uns antun.

Warten Sie nicht, bis die andere Person etwas ändert, denn dann warten Sie unter Umständen recht lange. Jeder erlebt Situationen anders und nimmt sie anders wahr. Sehen Sie Ärger als Warnsignal und als Herausforderung, etwas zu verändern. Es fällt manchmal schwer, die Andersartigkeit anderer Menschen zu akzeptieren.

Wer seinem Ärger freien Lauf lässt, fühlt sich im ersten Moment vielleicht erleichtert, er schadet jedoch der Beziehung zum anderen. Wer seinen Ärger in sich hineinfrisst, versucht wahrscheinlich, die Beziehungsebene zu sichern, schadet aber sich selbst.

Es geht hier nicht darum, Ärger zu ignorieren, klein zu machen oder herunterzuschlucken. Es geht auch nicht darum, alles auszuagieren oder sich um jeden Preis „Luft zu machen“. All diese Versuche führen nicht wirklich zu einer Lösung.

Schätzen Sie die Freiheit und das Wissen darüber, dass Ihre Gefühle in Ihnen entstehen und andere Personen Ihnen nur einen Auslöser bieten. Nutzen Sie die Chance des Ärger-Prozesses, Ihre eigenen Bedürfnisse, Ziele und Handlungsmöglichkeiten zu erkennen und diese auszudrücken.

12.1 Ärger-Prozess

Ärger ist ein innerer Prozess, in dem es um die eigene Klarheit geht. Erst nach diesem Prozess drücken Sie Ihren Ärger vollständig aus. – Der Ärger-Prozess läuft in leicht abgewandelten Schritten zu dem ab, was ich bislang erläutert habe.

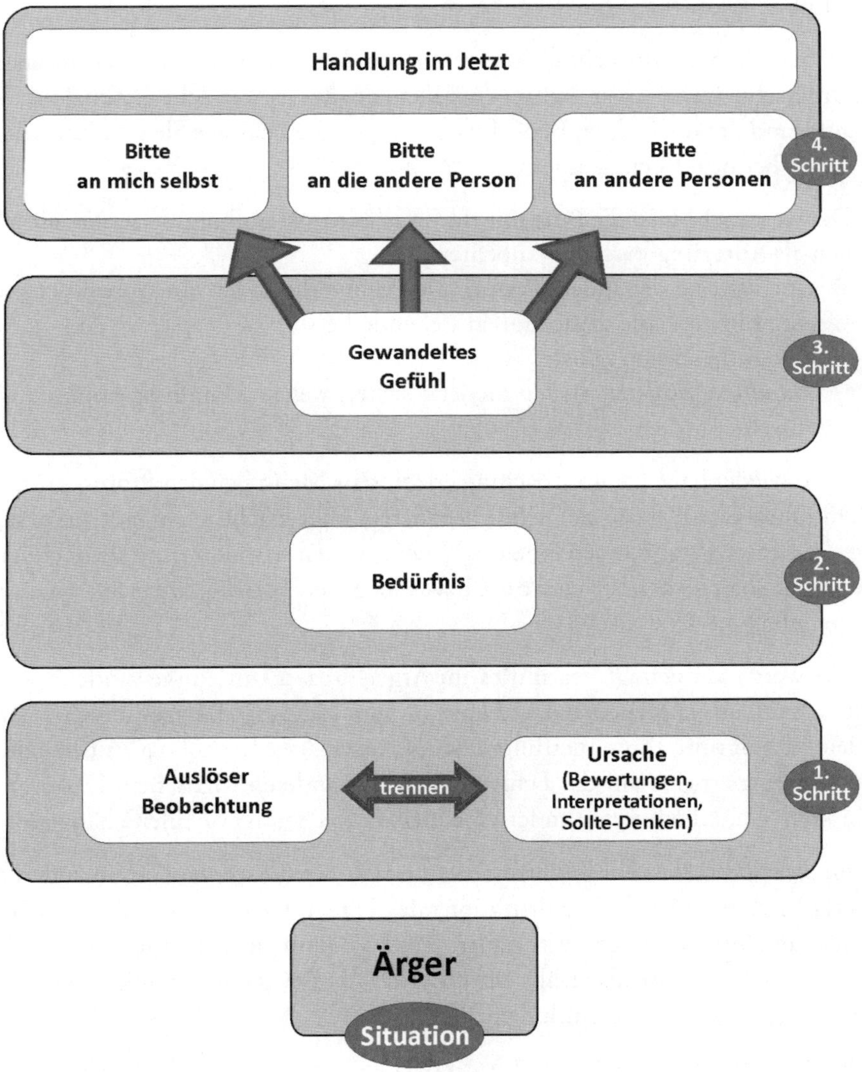

1. Der erste Schritt ist die Trennung von Auslöser und Ursache. Der Auslöser ist Ihre Beobachtung ohne Bewertung. Die Ursache sind Ihre Bewertungen, Interpretationen und Ihr Denken über die andere Person (Ihr Kopfkino). Hören Sie die gedanklichen Bewertungen. Sie enthalten wertvolle Informationen, die Ihnen Hinweise auf Ihre unerfüllten Bedürfnisse geben.
2. Der zweite Schritt ist diesmal nicht das Gefühl (denn Sie starten mit dem Gefühl Ärger in den Prozess), vielmehr geht es darum, herauszufinden, welche eigenen unerfüllten Bedürfnisse Sie haben.
3. Beim dritten Schritt nehmen Sie ein „gewandelte Gefühl" wahr. Das ist der feine Unterschied. Der Ärger kommt vom Denken, das „gewandelte Gefühl" fühlen Sie aufgrund des unerfüllten Bedürfnisses. Fragen Sie sich, wie Sie sich fühlen, wenn dieses Bedürfnis gerade unerfüllt ist?
4. Der vierte Schritt ist die Bitte mit einer Vielfalt an Handlungsoptionen, die ich Ihnen als Anregung vorstellen möchte:
   - eine Bitte an die andere Person (die Person, die Ihnen einen Auslöser gab);
   - eine Bitte an eine dritte, außen stehende Person;
   - eine Bitte an sich selbst.
   - *Handlung im Jetzt:* Stellen Sie jetzt sicher, welche Handlung konkret für Sie ansteht.

Hin und wieder habe ich im Coaching erlebt, dass Menschen den Prozess grundsätzlich mit nur einer Bitte an sich selbst beendeten. Hier mache ich darauf aufmerksam, dass die andere Person ihnen einen Auslöser gegeben hat, und bitte sie nochmals zu überlegen, ob es nicht doch eine Bitte bzw. einen Veränderungswunsch an die andere Person gibt.

Häufig werde ich gefragt, warum es im Ärger-Prozess um ein gewandeltes Gefühl geht. Ich erkläre es gerne so: Ärger kommt vom Denken, das „gewandelte Gefühl" fühlen Sie aufgrund Ihres unerfüllten Bedürfnisses. Ärger ist auf das Außen gerichtet und konzentriert sich auf das Fehlverhalten von anderen Menschen. Dadurch entsteht kein Weiterkommen, sondern Sie bleiben in der Ärger-Schleife hängen.

Wenn Sie spüren, dass Ihr Bedürfnis nicht erfüllt wurde, werden Sie ein anderes Gefühl als Ärger verspüren, z.B. Frustration oder Trauer. Jetzt sind Sie mit Ihren Gefühlen statt mit Ihrem Denken verbunden. Und Sie können sich fragen, was Sie brauchen, damit Ihr Bedürfnis erfüllt wird. Durch das Bewusstmachen können Sie nun Handlungsmöglichkeiten entdecken.

Vielleicht denken Sie, dass dieser Prozess zu lange dauert und für die Praxis untauglich ist. So habe ich anfangs auch gedacht. Doch heute verlaufen diese vier Schritte in mir fast automatisch und können zeitnah geschehen, manchmal in nur wenigen Sekunden. Es braucht Übung und das Leben bietet immer wieder neue Ärger-Situationen.

Als ich in einem Topmanagement-Training fragte: „Ärgert sich hier noch jemand oder gibt es keinen Ärger mehr in Ihrer Position?“ – schmunzelten alle und einer der Teilnehmer sagte: „Also ich kann mich noch gut ärgern.“ Die anderen stimmten nickend zu.

Ich fragte den Teilnehmer nach einem Beispiel. Herr W. berichtete: „Ich habe Herrn M. einen Auftrag gegeben und er hat ihn nicht erfüllt. Er hat ihn nicht nur nicht erfüllt, sondern auch mehrere Termine immer wieder verschoben, bei denen er seine Ergebnisse referieren sollte.“

Beate Brüggemeier (BB) empathisch: „Da waren Sie sicherlich frustriert, weil Sie sich gerne auf Absprachen verlassen möchten.“

Herr W.: „Ja, das erwarte ich doch von meinen Mitarbeitern.“

BB: „Als Erstes frage ich Sie: Glauben Sie, dass der Mitarbeiter die Ursache Ihres Ärger ist?“

Herr W.: „Ja, habe ich Ihnen doch gesagt, der Mitarbeiter reagierte nicht auf meine Anweisungen und das ärgerte mich. Würde Sie das nicht ärgern?“

BB: „Ja, wenn ich Auslöser und Ursache nicht trenne, dann fällt es in der Tat schwer, Ärger als Chance zu nutzen. Lassen Sie uns die Ursache vom Auslöser trennen. Der Auslöser ist die Situation bzw. das Verhalten einer anderen Person. Diesen Auslöser versuchen Sie in einer Beobachtung (ohne Bewertung) darzulegen, die Ursache für Ärger sind die Gedanken, die Sie über die andere Person denken. Beides darf sein, jedoch ist die Herausforderung im Ärger-Prozess, Ursache von Auslöser zu trennen. Nicht das, was andere Menschen tun, macht Sie ärgerlich, sondern etwas in Ihnen selbst, das darauf reagiert. Also was ist der Auslöser (Beobachtung)?“

Herr W.: „Ich habe Herrn M. beauftragt, sich über eine Datenbank Gedanken zu machen, und herauszufinden, welche relevanten Daten wir von unseren Kunden brauchen. Der Mitarbeiter kam nach vier Wochen und sagte, er habe Adressen gekauft. Da habe ich mich zum ersten Mal geärgert, denn das war nicht der Auftrag, den ich gegeben hatte. Ich wiederholte den Auftrag und wir vereinbarten einen Termin, zu dem er mir seinen Vorschlag unterbreiten sollte. Eine Stunde vor diesem Termin rief er bei meiner Sekretärin an und sagte, er brauche länger. So wurde ein anderer Termin acht Tage später vereinbart. An diesem Tag rief der Mitarbeiter wieder bei meiner Sekretärin an und teilte ihr mit, es sei ihm etwas Wichtiges dazwischengekommen, er bäte um weitere acht Tage Aufschub. Das war der Auslöser meines Ärgers. An dieser Stelle fällt mir gerade auf, wenn ich darüber spreche, dass >relevante Daten< für ihn offenbar nicht dasselbe bedeutete wie für mich. Vielleicht hätte ich mich hier klarer ausdrücken können. Das ist die erste Erkenntnis, die ich jetzt schon aus diesem Prozess gewonnen habe.“

BB: „Ich möchte jetzt gerne die Ursache des Ärgers, also Ihre Gedanken hören. Welche Sätze spielen sich in Ihrem Kopf ab, wenn Sie an diese Situation denken? Was sagen Sie sich oder wie denken Sie über die andere Person?"

Herr W.: „Das kann der nicht mit mir machen. Was bildet der sich ein? Der soll seine Arbeit machen. Der hat zu tun, was ich ihm sage. Was kann ich mit so einem Mitarbeiter anfangen? Der ist hier nicht auf der geeigneten Stelle."

BB: „Diese Gedanken sind die Ursache Ihres Ärgers. Jedoch geben Ihnen diese Gedanken wertvolle Informationen, um die dahinter liegenden Bedürfnisse zu erkennen. Im zweiten Schritt geht es jetzt darum, die Bedürfnisse hinter den Urteilen zu sehen."

Herr W.: „Wenn ich daran denke, dass ein Mitarbeiter drei Mal einen Termin verschiebt, bin ich total ärgerlich, weil mir Verlässlichkeit und Effizienz wichtig sind."

BB: „Möchten Sie sich darauf verlassen können, dass Sie zeitnahe Informationen bekommen und Klarheit darüber, wie Verzögerungen zustande kommen und ob der Arbeitsauftrag überhaupt klar verstanden wurde?"

Herr W.: „Ja absolut, dann wüsste ich wenigstens, woran ich bin."

BB: „Sind Sie frustriert oder auch ratlos (gewandelte Gefühle), weil Sie sich ein Miteinander wünschen und dass Unklarheiten direkt und offen (Bedürfnis nach Klarheit und Offenheit) angesprochen werden?"

Herr W.: „Ja, ich bin tatsächlich frustriert und auch ratlos (gewandeltes Gefühl) und frage mich, was braucht dieser Mitarbeiter, um offen ansprechen zu können, was gerade los ist?"

BB: „Damit wären Sie beim vierten Schritt angekommen. Was könnte Ihre Bitte an die andere Person sein?"

Herr W.: „Ich werde den Mitarbeiter fragen, was er braucht, damit er Absprachen einhalten kann. Ich werde bei mir selbst darauf achten, dass ich mir beim Delegieren bestätigen lasse, was der Mitarbeiter gehört hat, damit ich sicher sein kann, dass alles genau so verstanden wurde, wie ich es gemeint habe."

BB: „Ja, das sind konkrete gegenwartsbezogene Bitten an die andere Person und eine klare Bitte an Sie selbst, auf was Sie beim Delegieren achten wollen."

Ich habe Herrn W. nach einem Monat wieder getroffen und fragte ihn, welchen Nutzen er aus dem Training mit dem Ärger-Prozess gezogen habe. Er sagte mir, es habe sich etwas an seiner Einstellung verändert. Er sei nicht mehr so schnell dabei, jemanden zu verurteilen oder zu denken: „Der hat es nicht drauf", sondern ihm gelinge es mehr und mehr, die guten Gründe und Absichten in den anderen zu sehen, selbst wenn etwas nicht gelungen sei. Und das würde ihm eine ganz neue Basis der Mitarbeiterführung auf der Beziehungsebene geben.

Ich bin überzeugt, wenn Sie in Ihrem Unternehmen der Wertschätzenden Kommunikation Bedeutung geben, dann verändert sich Ihr Umfeld automatisch. Bleibt Ärger hingegen unbearbeitet, dann halten Sie sich nicht nur davon ab, Ihre Bedürfnisse zu erfüllen, sondern Ihr Ärger motiviert Sie zu Sanktionen und wird so zu einer destruktiven Kraft. Lassen Sie es nicht so weit kommen!

12.1.1 Ärger-Prozess auf einen Blick

Ärger-Prozess

12.1.2 Übung: Umgang mit Ärger

Denken Sie an eine Situation, in der eine andere Person etwas sagt oder tut, auf das Sie mit Ärger reagieren.

Beschreiben Sie die Ausgangssituation:	
Erster Schritt: **Trennen von Auslöser und Ursache** **Ursache:** Ihre Denkweisen: Urteile, Bewertungen und Beschuldigungen (Kopfkino) → Was denken Sie über die andere Person? → Was macht die andere Person falsch? → Wie sollte sich die andere Person nicht verhalten? → Was hätte die andere Person tun oder wissen sollen? **Auslöser:** Ihre wertfreie Beobachtung (ZDF = Zahlen, Daten, Fakten)	
Zweiter Schritt: **Bedürfnis** Welches Bedürfnis ist unerfüllt geblieben?	
Dritter Schritt: **Gewandeltes Gefühl** Wie fühlen Sie sich jetzt, wenn Sie merken, dass Ihr Bedürfnis unerfüllt blieb? (Wenn Sie weiterhin Ärger empfinden, hören Sie erneut Ihre Urteile, dann Ihre Bedürfnisse, um eine neue Erkenntnis zu erlangen.)	
Vierter Schritt: **Bitte** Berücksichtigen Sie bei den Bitten die unterschiedlichen Handlungsoptionen: → Bitte an die andere Person → Bitte an andere außen stehende Personen → Bitte an mich selbst ***Fünfter Schritt:*** **Handlung im Jetzt** Was ist Ihr nächster Schritt?	

12.2 Ärger ausdrücken, ohne zu verletzen

Um Ihren Ärger ausdrücken zu können und klar zu sagen, was Sie möchten, braucht es eine innere Haltung, die nicht verletzend und nicht fordernd ist: eine Haltung von Wertschätzung. Übernehmen Sie die Verantwortung für Ihren Ärger. Wenn Sie sich ärgern, ist es nicht sinnvoll, ein Zuspätkommen mit einem Lächeln hinzunehmen. Drücken Sie Ihren Ärger aus und enden Sie mit einer klaren gegenwartsbezogenen Bitte. Vermeiden Sie den Konjunktiv. Lächeln Sie nicht, wenn Ihnen nicht nach Lachen zumute ist. Ihre Körpersprache verrät Sie sowieso, denn Ihr Körper sagt immer die Wahrheit.

Wenn Sie sich ärgern, ohne etwas zu sagen, dann kleben Sie Rabattmarken. Wenn Sie denken: „Der Mitarbeiter hat schon wieder ..." oder: „Immer macht er ..." oder: „Nie tut sie ..." oder: „Typisch für diese Person, seit Längerem ist das schon so ..." oder: „Jetzt reicht's mir ...", dann sind Sie im alten Ärger. Gestalten Sie ein Miteinander und geben Sie Ihren Mitarbeitern und Kollegen eine Chance, bevor das Rabattmarkenheftchen voll ist. Bei angestautem Ärger ist es umso wichtiger, den Ärger-Prozess so lange zu durchlaufen, bis Sie für sich herausgefunden haben, welche Bedürfnisse bei Ihnen auf der Strecke geblieben sind und welche Bedingungen Sie ab jetzt für die Zusammenarbeit brauchen.

In der Kommunikation bekommen Sie leichter eine Verbindung und damit einen Dialog, wenn Sie Ihr gewandeltes Gefühl und Ihr Bedürfnis ansprechen. Das fällt häufig schwer, wenn das Gefühl von Ärger gerade präsent ist.

Wenn Sie nicht sofort „klar sehen", haben Sie die Wahlmöglichkeit, das Gespräch zu einem späteren, günstigeren Zeitpunkt zu führen, um sich erst die Zeit zu nehmen, den inneren Ärger-Prozess in Ruhe durchzugehen. Oft sind es jedoch gleiche Auslöser oder ähnliche Situationen, die Ärger verursachen.

Wenn Sie das Wort Ärger unmittelbar ausdrücken, ist es wichtig, Ihre Bedürfnisse zu benennen, sonst könnte die andere Person sich für Ihren Ärger verantwortlich fühlen. Dann entsteht kein Dialog, sondern es entstehen Schuldgefühle und es folgen Verteidigungen oder Gegenangriffe.

Zwei Möglichkeiten, Ärger vollständig auszudrücken

1. Durch die aufrichtige Ich-Botschaft in den vier Schritten:

„Ich habe Sie beauftragt, sich über eine Datenbank Gedanken zu machen und herauszufinden, welche relevanten Daten wir von unseren Kunden brauchen. Nach vier Wochen teilten Sie mir mit, dass Sie Adressen gekauft haben.

Das war nicht der Auftrag, den ich gegeben hatte. Ich bin frustriert, weil mir wichtig ist, dass meine Informationen ankommen. Was können wir tun, um die Kommunikation zu sichern?"

2. Durch Empathie

Hier fühlen Sie sich in die andere Person ein und sprechen die vermuteten Gefühle und Bedürfnisse der anderen Person an (vgl. Kapitel Empathie):

„Wenn Sie an meinen Auftrag denken, sich über die Datenbank für unsere Kunden Gedanken zu machen (Beobachtung) ... waren Sie sich unsicher (Gefühl), weil Sie gerne genau gewusst hätten (Bedürfnis Klarheit), was ich unter relevanten Daten verstehe (Bitte)?"

Sie versuchen bei der Empathie nicht herauszufinden, was die andere Person falsch gemacht oder versäumt hat, sondern Sie versuchen, die Gründe hinter dem Verhalten des anderen empathisch zu verstehen. Das ist der „Königsweg" der Kommunikation. Noch einmal: Es geht nicht darum, dass Sie das Verhalten der anderen Person akzeptieren, es geht um das Verstehen. Wenn sich die andere Person verstanden fühlt, können Sie anschließend Ihre aufrichtige Ich-Botschaft zum Ausdruck bringen. Wenn Sie zuvor die andere Person hören, haben Sie größere Chancen, mit Ihren Anliegen gehört zu werden.

12.2.1 Der Ärger der anderen

Versuchen Sie auch Ihre Fähigkeit zu entwickeln, mit dem Ärger anderer Menschen empathisch umzugehen. Hören Sie den Ärger anderer nicht als Kritik gegen sich, sondern hören Sie die Bedürfnisse heraus. Ärger ist immer ein dramatischer Ausdruck unerfüllter Bedürfnisse:

Eine Mitarbeiterin kommt zu Ihnen und sagt: *„Ich ärgere mich über Frau XY, die kommt und geht, wann sie will."*

Jetzt übersetzen Sie den Ärger in den vier Schritten in die dahinter liegenden Bedürfnisse. Im Schritt 1 (Beobachtung) stellen Sie sicher, ob Sie sich auf dasselbe beziehen:

„Denken Sie dabei an gestern, als Sie noch den Bericht zu Ende geschrieben haben und Sie bis 18 Uhr im Büro waren und Frau XY um 16 Uhr gegangen ist?“

Bekommen Sie als Antwort ein „Ja“, dann ist es klar, dass Sie auf der Sachebene über dasselbe sprechen. Jetzt hören Sie das Bedürfnis und versuchen ein gewandeltes Gefühl anzusprechen: *„Und Sie wünschen sich eine Gleichwertigkeit und vielleicht auch Wertschätzung für das, was Sie hier leisten? Und es frustriert Sie, weil Sie auch gerne einen Ausgleich von Arbeit und Freizeit hätten?“*

Jetzt bekommen Sie Ihre Aussage entweder bestätigt oder die Mitarbeiterin teilt Ihnen andere Gefühle oder Bedürfnisse bzw. Wünsche mit. Das ist das Besondere oder auch das „Wunder“, wie ich es manchmal nenne: Sobald wir Menschen empathisch zuhören und ihnen Gefühle und Bedürfnisse anbieten, verbinden sie sich mit ihren Gefühlen und Bedürfnissen und sprechen plötzlich eine andere Sprache. Gehen wir jetzt einmal davon aus, die Mitarbeiterin gibt Ihnen zur Antwort: *„Ja ich möchte auch gerne meinen Interessen nachgehen und mal wieder zum Sport gehen.“* Dann könnten Sie fragen: *„Sind Sie bereit, mit Frau XY darüber zu sprechen, damit Sie um 16 Uhr gehen können und das Büro von ihr bis 18 Uhr besetzt wird?“* Ihre Mitarbeiterin ist jetzt vielleicht zögerlich. Auch das können Sie empathisch wahrnehmen: *„Sind Sie zögerlich, das anzusprechen und brauchen Sie Sicherheit und möchten von mir gerne erfahren, wie ich das sehe?“* Die Mitarbeiterin stimmt Ihnen jetzt vielleicht zu. Dann können Sie Ihren Standpunkt erläutern, wobei Sie sich ausschließlich auf sich und Ihre Bedürfnisse beziehen: *„Mir ist es auch wichtig, ein gutes Arbeitsklima zu haben und dass die Bedürfnisse aller gehört werden. Können Sie Frau XY ansprechen und, wenn es Unstimmigkeiten gibt, mir das mitteilen? Dann können wir gern ein Gespräch zu dritt führen.“*

Wichtig ist, dass Sie nicht in die Falle der Verstrickung tappen. Hören Sie empathisch und nicht *sym*pathisch! Wenn Sie aus Sympathie oder Antipathie Partei ergreifen, ist das für eine Führungskraft mit fatalen Folgen verbunden. Seien Sie allparteiisch, wenn Sie die Anliegen Ihrer Mitarbeiterinnen hören. Hören Sie jeden mit seinen Gefühlen und seinen Bedürfnissen und unterstützen Sie eine gemeinsame Lösung.

12.2.2 Kultur schaffen, um Ärger ausdrücken zu können

Wenn ich in Unternehmen Klärungsgespräche moderiere, wird mir häufig deutlich, dass ein angespanntes Miteinander zum Teil aus jahrelang aufgestautem Ärger resultiert. Die Zufriedenheit der Mitarbeiter leidet und langfristig steigt die Krankheitsrate und es folgen innere Kündigungen. Die Wertschätzende Kommunikation bietet hier ein wunderbares Instrument, Ärger anders anzusprechen als gewohnt. Nämlich, die hinter dem Ärger liegenden Bedürfnisse zu erkennen und auszudrücken und gemeinsame Handlungswege zu finden. Die Rückmeldungen, die ich aus Teams bekomme, sind: „Mit der Wertschätzenden Kommunikation haben wir ein Handwerkszeug bekommen, um uns in einer positiven Sprache mitteilen zu können. Wir formulieren Bedürfnisse, konkrete Handlungsbitten und Veränderungswünsche. Das geht leichter von den Lippen, als zu sagen, was uns gerade nicht passt und hat mehr Chancen auf Erfolg.“

Vereinbaren Sie in Ihrem Team, dass „Ärger“ offen angesprochen wird.

Mit der Wertschätzenden Kommunikation sind Sie in einer Sprachwelt, die nicht angreift und nicht verletzt und trotzdem aufrichtig und klar beschreibt, was Sie sich anders wünschen oder vorstellen.

13. Umgang mit Selbstvorwürfen und Fehlern

„Wenn alles, was ich tue, zu 98 Prozent perfekt ist, dann sind es die zwei Prozent, die mir nicht gelungen sind, an die ich mich hinterher erinnern werde. Perfektionismus ist ein sicherer Weg, unglücklich zu sein." – *Marshall Rosenberg*

In diesem Kapitel geht es darum zu erkennen, wie Sie konstruktiv mit Selbstvorwürfen und Fehlern umgehen, wenn Sie Situationen erlebt haben, in denen Sie mit sich nicht zufrieden waren. Ein wichtiger Schritt dorthin ist zu erkennen, welches Bedürfnis hinter Ihrem Handeln lag, auch wenn daraus ein Fehler resultierte. Es gibt immer einen Grund, weswegen man sich für eine bestimmte Handlung entschieden hat. Wenn Sie Verständnis für diese Gründe entwickeln, können Sie auch mehr Akzeptanz für Fehler aufbringen, Ihre eigenen und die der anderen.

Was sagen Sie zu sich, wenn Sie einen Fehler gemacht haben? Hier einige Beispiele:

- „Wie konnte ich nur so blöd sein?"
- „Wie konnte ich das vergessen?"
- „Ich bin unprofessionell."
- „Das hätte ich doch vorher wissen müssen."

Unsere innere bewertende Kritik hält uns davon ab, die eigenen Bedürfnisse zu erkennen. Wenn Ihnen ein Fehler unterlaufen ist, ist es hilfreicher, sich selbst gegenüber wertschätzend zu bleiben. Statt sich bei einem Fehler mit Selbstkritik, Schuld und Scham zu bestrafen, ist es sinnvoller, sich mit Respekt und Empathie zu begegnen. Hören Sie Ihre verurteilenden Selbstgespräche und übersetzen Sie die Urteile in die dahinter liegenden Bedürfnisse.

Selbstvorwürfe sind Ihre inneren Stimmen. Um diese zu visualisieren bzw. als Metapher einzusetzen, spreche ich hier von:

- dem *Inneren Kritiker* – er flüstert Ihnen Vorwürfe zu, wenn Bedürfnisse auf der Strecke geblieben sind;
- dem *Inneren Entscheider* – er hat sich in einer Situation entschieden, genau so zu handeln; er wollte oder hat sich mit seiner Handlungsweise ein Bedürfnis erfüllt;
- dem *Inneren Vermittler* – er versucht eine Handlung zu finden, die sowohl dem Inneren Kritiker als auch dem Inneren Entscheider gerecht wird.

An einem Beispiel möchte ich Ihnen erläutern, was ich damit meine: Ich hielt ein Seminar bei einem Neukunden. Zu Beginn des Seminars hatte ich nicht die Frage gestellt, ob das, was wir besprechen würden, vertraulich behandelt werden sollte. Am Ende der Veranstaltung sagte dann ein Teilnehmer zu mir: „Sie sind unprofessionell, Sie haben zu Beginn nicht einmal gefragt, ob alles in diesem Raum vertraulich behandelt wird."

Als ich den Satz hörte, fing ich sofort an, mir Vorwürfe zu machen: „Das ist ja wirklich unprofessionell. Wie kann ich so etwas weglassen!" (Innerer Kritiker) Mithilfe der Wertschätzenden Kommunikation ist mir bewusst geworden, dass es sinnvoller ist, dem Inneren Kritiker mit Respekt und Empathie zu begegnen und hinter den Vorwürfen die Bedürfnisse zu hören.

Also fragte ich mich selbstempathisch, warum ich mich entschieden hatte *(Innerer Entscheider),* die Frage nach der Vertraulichkeit nicht zu stellen. Der Grund, warum ich es nicht angesprochen hatte, war: Ich wollte mir das Bedürfnis nach Zeiteffizienz erfüllen, weil ich dachte, die Klärung der Frage würde in dieser Gruppe viel Zeit kosten, denn wir hatten nur einen Trainingstag.

Im nächsten Schritt überlegte ich *(Innerer Vermittler),* mit welcher Handlung ich mir beide Bedürfnisse hätte erfüllen können. Als Handlung habe ich mir für meine zukünftigen Seminare überlegt, Folgendes zu sagen: „Ich gehe davon aus, dass alles, was hier besprochen wird, in diesem Raum bleibt und vertraulich behandelt wird. Ist das für Sie alle in Ordnung?" Dann warte ich auf eine Zustimmung. Falls diese nicht erfolgt, spreche ich an, ob es Bedenken gibt oder ob eine andere Vereinbarung gebraucht wird. Das Ganze dauert in der Regel eine Minute und es erfüllt meine beiden Bedürfnisse.

Eines meiner Lieblingszitate – von Marshall Rosenberg – im Zusammenhang mit diesem Thema lautet: *„Wenn Sie sich das Leben schwermachen wollen, dann konzentrieren Sie sich auf das, was andere falsch machen, und benutzen Sie die Wörter gut, schlecht, immer, nie. Wenn Sie sich das Leben noch schwerer machen wollen, dann denken Sie darüber nach, was Sie falsch machen und vergleichen sich mit anderen. Und wenn es Ihnen noch schlechter gehen soll, dann denken Sie an das, was andere Personen über Sie denken.*

In jeder Sekunde, in der Sie so denken, werden Sie das Leben nicht genießen können. Immer, wenn Sie einer anderen Person sagen, was falsch mit ihr ist, erwarten Sie nicht, dass diese Person Lust hat, Ihr Bedürfnis zu erfüllen."

13.1 Prozess Innerer Kritiker – Innerer Entscheider auf einen Blick

Innerer Kritiker

Ihre inneren Urteile und Selbstvorwürfe	*„Das ist ja wirklich unprofessionell. Wie kann ich die Vertrauensfrage zu Beginn eines Seminars weglassen?"*
Beobachtung	*„Ich habe im Seminar nicht gefragt, ob das Gesprochene vertraulich behandelt wird. Und ein Seminarteilnehmer sagt, das ist unprofessionell."*
Gefühl	Bedauern
Bedürfnis Das Bedürfnis, das nicht erfüllt wurde.	Vertrauen und Offenheit
Bitte	Beim nächsten Training auf jeden Fall ansprechen.

Innerer Entscheider

Bewertungen und Rechtfertigungen **Was Sie müssten und sollten**	*„Ich musste doch die Zeit im Griff haben. Ich habe doch nur einen Trainingstag und ich kann nicht zehn Minuten diskutieren, was hier besprochen wird und was nicht."*
Beobachtung	*„Ich habe sechs Stunden zur Verfügung für die Einführung in Wertschätzender Kommunikation."*
Gefühl	unter Druck
Bedürfnis Was waren die guten Gründe, dass Sie so gehandelt haben? Welches Bedürfnis haben Sie sich erfüllt oder wollten Sie sich erfüllen?	Effizienz
Bitte	Zeitstrukturen einhalten

Innerer Vermittler

Handlung Welche Handlung erfüllt beide Bedürfnisse?	Die Frage so zu formulieren, dass sie keine Diskussion auslöst. *„Sind Sie damit einverstanden, dass alles, was hier besprochen wird, in diesem Raum bleibt?"*

Ein wichtiger Aspekt ist die Fähigkeit, mit beiden Teilen, dem Inneren Kritiker und dem Inneren Entscheider, in einfühlsamen Kontakt zu kommen: mit dem Teil, der die Handlung bedauert, und mit dem Teil, der so gehandelt hat. Der Prozess gibt Ihnen auch die Möglichkeit, an vergangenen Situationen zu lernen und zu wachsen und künftig in Übereinstimmung mit Ihren Bedürfnissen zu handeln.

Es könnte sein, dass Sie anhand dieser Übung herausfinden, dass Sie einem anderen Menschen Ihr Bedauern ausdrücken möchten. Ein Bedauern ausdrücken ist für mich etwas anderes als „Entschuldigung" zu sagen. Entschuldigungen sind meistens Floskeln. Das Wort Entschuldigung beinhaltet das Wort Schuld. Wenn Sie jedoch Situationen, die nicht nach Ihrer Vorstellung gelaufen sind, als Chance nutzen, geht es nicht darum, zu ermitteln, wer Schuld oder Recht hatte, sondern darum, das Leben für sich selbst und andere zu bereichern.

In der genannten Situation habe ich mein Bedauern wie folgt ausgedrückt: „Ich bedauere, dass ich die Vertrauensfrage zu Beginn des Seminars nicht gestellt habe. Auch mir sind Vertrauen und ein geschützter Rahmen wirklich wichtig. Andererseits hatte ich die Zeit im Kopf und wollte so viel wie möglich an einem Tag vermitteln. Bei den nächsten Seminaren in Ihrem Hause werde ich die Frage zu Beginn des Trainings stellen. Ist das für Sie in Ordnung?"

Wenn Sie ein Bedauern ausdrücken, öffnen Sie Wege für einen neuen Dialog.

13.1.1 Übung: Umgang mit Selbstvorwürfen

Der Prozess für den Umgang mit Fehlern und Selbstvorwürfen bietet sich an, um Situationen zu klären, die nicht nach Ihren Vorstellungen gelaufen sind. So sind Sie in ähnlichen Situationen in der Zukunft schneller handlungsfähig. Denken Sie an eine Situation, in der Sie mit sich nicht zufrieden waren. Gehen Sie die einzelnen Schritte der Tabelle durch.

Innerer Kritiker

Ihre inneren Urteile und Selbstvorwürfe	
Beobachtung	
Gefühl	
Bedürfnis Welches Bedürfnis wurde nicht erfüllt?	
Bitte	

Innerer Entscheider

Bewertungen und Rechtfertigungen **Was Sie müssen und sollen**	
Beobachtung	
Gefühl	
Bedürfnis Was waren die guten Gründe, dass Sie sich entschieden haben so zu handeln? Welches Bedürfnis haben Sie sich erfüllt oder wollten Sie sich mit Ihrer Handlung erfüllen?	
Bitte	

Innerer Vermittler

Überlegen Sie sich Handlungsmöglichkeiten, um beide Bedürfnisse zu erfüllen.	

14. Kritik

Kritik bedeutet im Griechischen: trennen, unterscheiden. Ursprünglich ist Kritik also die Kunst der Beurteilung, des Auseinanderhaltens von Fakten und der Infragestellung. Kritik bezeichnet heute ganz allgemein eine prüfende Beurteilung nach begründetem Maßstab, die mit der Abwägung von Wert und Unwert einer Sache einhergeht.

Nach diesem Verständnis ist Kritik eine durchweg positive Fähigkeit. Es ist jedoch schwierig für Menschen, Kritik zu hören, weil sie ein Urteil dahinter vermuten. Wenn Mitarbeitende oder Kollegen ein Urteil hören, gehen sie automatisch in die Verteidigungshaltung, in den Gegenangriff oder in eine Denkweise von „Wer hat Schuld?". Mit Hilfe der Wertschätzenden Kommunikation können Sie Kritik so ausdrücken und hören, dass sie für beide Seiten gewinnbringend ist.

14.1 Kritik hören

Wenn Sie kritisiert oder angegriffen werden, kommt es auf das eigene Hören an. Wie Sie bereits im Kapitel „Vier Wahlmöglichkeiten des Hörens" erfahren haben, hören Sie in der Wertschätzenden Kommunikation niemals einen Vorwurf, sondern die nicht erfüllten Bedürfnisse der anderen Person.

Hierzu folgendes Beispiel – angenommen Ihre Chefin sagt folgenden Kritiksatz: *„Ihr Präsentationsstil lässt zu wünschen übrig. Da müssen Sie mal was tun."* Sie können diesen Satz auf folgende vier Weisen hören:

a) Mit den **Urteils-Ohren nach innen** hören Sie: „Ja, ich kann nicht präsentieren."

b) Mit den **Urteils-Ohren nach außen** hören Sie: „Sie präsentieren doch auch nicht besser."

Die Urteils-Ohren sind, wie Sie wissen, weder förderlich für Sie noch für die andere Person. Mit der Zeit werden Sie wahrnehmen, mit welchen Ohren Sie gerade hören. Und vielleicht schmunzeln Sie dann innerlich über die urteilenden Gedanken. Aber Sie werden Ihre Urteile wahrscheinlich nicht mehr in Worten ausdrücken, weil Sie merken, dass Sie damit keinem weiterhelfen. Probieren Sie es aus: Wenn Sie hingegen mit **Empathie-Ohren** hören, reagieren Menschen anders. Wie schon das Sprichwort sagt: „Nicht wie der Wind weht, sondern wie ich die Segel setze, darauf kommt es an."

Hier nun die dritte und vierte Möglichkeit den entsprechenden Satz zu hören:

c) Sie hören die Kritik mit **Empathie-Ohren** nach innen und sprechen Ihre Beobachtung, Ihre Gefühle, Ihre Bedürfnisse und Ihre Bitte aus (s. Abbildung).

Kritik hören mit Empathie-Ohren nach innen

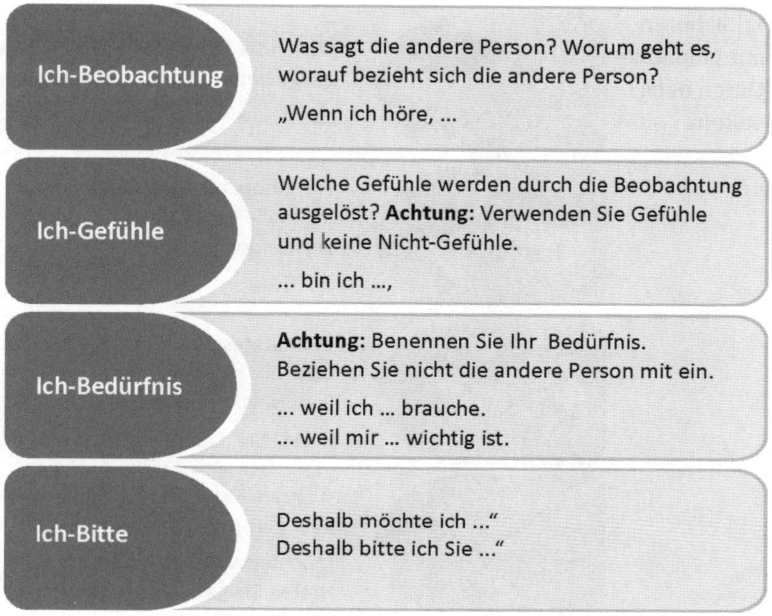

Dann können Sie auf die Bemerkung Ihrer Chefin antworten: *„Wenn ich höre, mein Präsentationsstil lässt zu wünschen übrig (Ich-Beobachtung), bin ich ziemlich überrascht (Ich-Gefühl), weil ich nicht weiß, worauf Sie sich beziehen (Ich-Bedürfnis nach Klarheit). Können Sie mir genau sagen, was Sie sich anders gewünscht hätten? (Ich-Bitte)"*

Alternativ könnten Sie auch sagen: *„Ich würde gerne Ihr Feedback zur Weiterentwicklung nutzen. Können Sie mir sagen, was Sie sich anders vorgestellt haben?"*

d) Sie hören die Kritik mit **Empathie-Ohren nach außen** und sprechen die Beobachtung, die Gefühle, die Bedürfnisse und die Bitte Ihres Gesprächspartners aus (s. Abbildung).

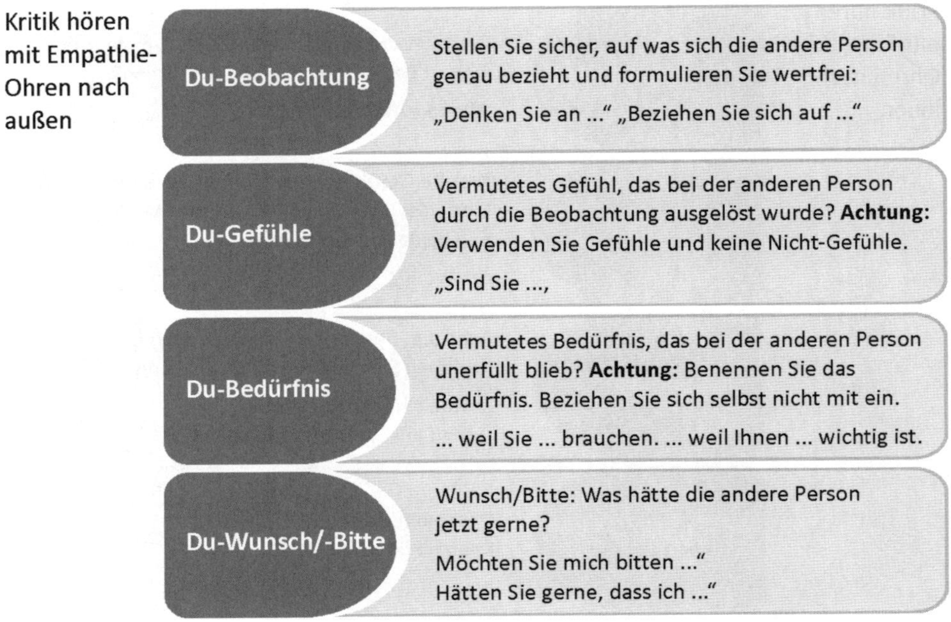

So können Sie auf die Bemerkung Ihrer Chefin empathisch reagieren: „*Beziehen Sie sich auf das Foliendesign (Du-Beobachtung)? Da waren Sie irritiert (Du-Gefühl), weil Sie sich gerne darauf verlassen wollen (Du-Bedürfnis nach Verlässlichkeit), dass offizielle Präsentationen in PowerPoint nach unserem Design erstellt werden?“ (Antwort: „Ja, es gibt hier eine Vorlage nach unserem Corporate Design. Sie liegt auf dem Laufwerk ...“)*

Wenn die Beziehungsebene stimmt, können Sie auch alternativ sagen: „*Wollen Sie mir damit sagen, dass Sie mir eine Fortbildung in Präsentationstechnik genehmigen?“*

Nun ein Beispiel aus dem Besprechungsalltag – die Kritik lautet: „*Immer kommen Sie zu spät zu Besprechungen.“*

„Beziehen Sie sich auf meine zehnminütige Verspätung heute Morgen im Teammeeting? (Antwort: „Ja“) Waren Sie verärgert, weil Sie gerne die Information gehabt hätten, dass ich aufgrund von Kundengesprächen zu unserem Meeting später komme?“ (Antwort: „Ja, dann wüssten wir, woran wir wären, und würden bereits ohne Sie beginnen.“)

Zur Erinnerung: Vermischen Sie nicht Ihr Gefühl mit dem Bedürfnis oder der Bitte der anderen Person. Sagen Sie nicht: „Ich bin irritiert, weil ich nicht so präsentiert habe, wie Sie es sich gewünscht haben“, sondern: „Sie sind irritiert, weil Sie ...“ Oder: „Ich bin irritiert, weil ich ...“

14.2 Kritik ausdrücken

Kritik ausdrücken – ohne zu verletzen. Wenn Sie Kritik als Vorwurf oder Schuldzuweisung formulieren, führt das zu Missverständnissen und Spannungen. Die Zusammenarbeit leidet und somit auch die Effektivität. Mit der Wertschätzenden Kommunikation können Sie Kritik verbindlich und klar ausdrücken und gleichzeitig anderen Menschen eine respektvolle Aufmerksamkeit schenken. So entsteht für beide Seiten die Chance, Kritik konstruktiv zu nutzen.

Stellen Sie sich nun vor, Sie wären der Chef und Sie hätten einen Kritikpunkt an einer Präsentation Ihres Mitarbeiters. Sie möchten diese Kritik konstruktiv in vier Schritten zum Ausdruck bringen.

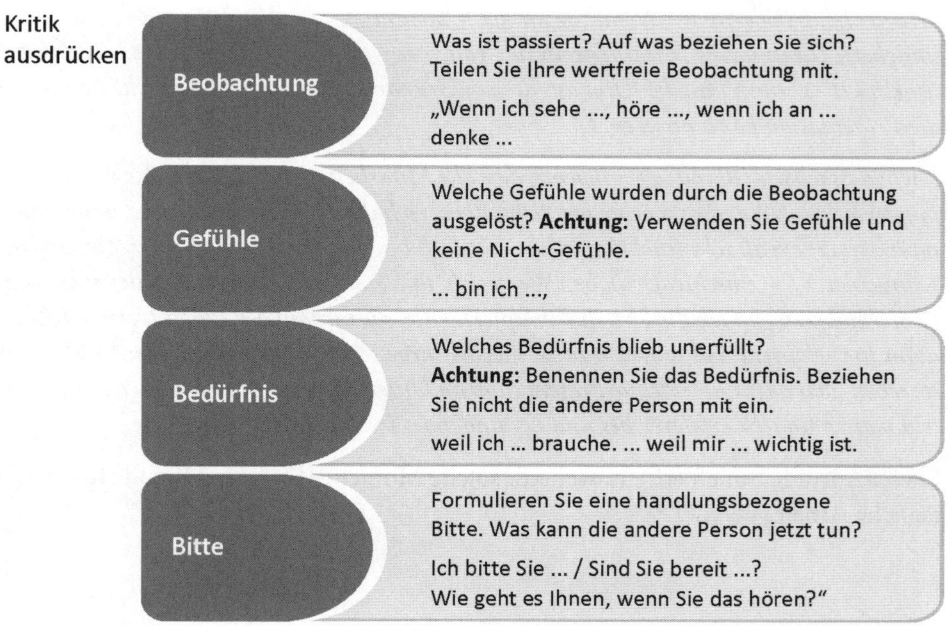

„Ich möchte mit Ihnen über die Präsentation von gestern sprechen. Drei Fragen aus dem Teilnehmerkreis wurden von Ihnen nicht beantwortet und der Kollege M. ist eingesprungen. Vor der Präsentation sagten Sie: Sie haben das Fachwissen. (Beobachtung). Ich bin ziemlich irritiert (Gefühl), weil mir wichtig ist, dass ich mich auf Zusagen verlassen kann (Bedürfnis). Welche Informationen oder Unterstützung brauchen Sie jetzt für die nächste Präsentation? (Bitte)“

Alternativ die Beziehungsbitte: *„Wie geht es Ihnen, wenn Sie das von mir hören?“*

In manchen Situationen ist es eventuell sinnvoller, statt Kritik zu äußern empathisch zu fragen: *„Während der Präsentation gestern ist der Kollege M. bei drei Fragen eingesprungen. Waren Sie unsicher? Hätten Sie sich in der Vorbereitung Unterstützung gewünscht?"*

Eine empathische Verbindung aufbauen bedeutet präsent zu sein. Achten Sie bei jedem Satz darauf, wie Sie die andere Person wahrnehmen. Bei der empathischen Verbindung geht es um die Gefühls- und Bedürfniswelt der anderen Person. Der andere braucht das Vertrauen, sich auch verletzlich zeigen zu können. Gehen Sie achtsam mit der Offenheit um, die Sie von der anderen Person erhalten.

Ein Kunde rief mich an und sagte: *„Das Gespräch, das wir vorgestern im Coaching durchgesprochen haben, habe ich jetzt mit meiner Mitarbeiterin geführt. Ich habe sie auf die Präsentation angesprochen, bei der dreimal ein Kollege eingesprungen war. Es ist mir gelungen, das Gespräch ohne ein Urteil zu beginnen. Ich kam jedoch nur bis zum zweiten Schritt. Ich habe gefragt: ‚Wenn Sie an die Präsentation vom Freitag denken, waren Sie unsicher?' Da ist meine Mitarbeiterin in Tränen ausgebrochen und erzählte mir, dass bei ihr ein OP-Termin anstehe. Und aus diesem Grunde konnte sie sich gar nicht richtig auf die Präsentation konzentrieren.*

Nicht dass ich jetzt damit sagen möchte, dass alle Mitarbeiterinnen bei mir das Weinen anfangen sollen. Nein, dass möchte ich nicht, aber ich habe die Verbindung und unserer Gespräch trotzdem als sehr fruchtbar erlebt. Und ich bin dankbar, dass ich mich für den empathischen Weg entschieden habe. Wenn ich mir nur annähernd vorstelle, was wohl passiert wäre, wenn ich die Urteile formuliert hätte, die mir auf der Zunge lagen. Ich hätte dann nie erfahren, was wirklich in meiner Mitarbeiterin vorgeht. Wir konnten darüber sprechen, was sie für die nächste Präsentation an Unterstützung vorab benötigt. Alles in allem war es ein sehr erfolgreiches und verbindendes Gespräch."

Dieser Anruf hat mich erfreut, weil mir solche Momente Kraft und Freude für meine tägliche Arbeit geben.

14.2.1 Übung: Kritik ausdrücken

Denken Sie an eine Situation, wo Sie konstruktive Kritik geben möchten.

Beobachtung Beschreiben Sie wertfrei, worauf Sie sich beziehen.	⇢ „Wenn ich an ... denke ... ⇢ „Wenn ich sehe ... ⇢ „Wenn ich höre ...
Gefühl Welches Gefühl löst diese Beobachtung bei Ihnen aus?	... bin ich ...,
Bedürfnis Welches Bedürfnis ist in dieser Situation unerfüllt?	... weil ich ... brauche / gerne hätte.
Bitte Was kann die andere Person jetzt beitragen, um Ihr Bedürfnis zu erfüllen? Wie lautet Ihre konkrete handlungsbezogene Bitte?	Deshalb bitte ich Sie ..." Sind Sie bereit ...?"

14.2.2 Übung: Kritik empathisch hören

Denken Sie an eine Situation, in der Sie eine Kritik in Form eines Urteils gehört haben.

Wie lautet die Kritik?	
Beobachtung Worauf bezieht sich die Person? Was könnte die andere Person beobachtet haben?	„Beziehen Sie sich auf ...?
Gefühl Wie könnte sich die andere Person fühlen?	Sind Sie ...
Bedürfnis Welches Bedürfnis wurde bezogen auf die Situation bei der anderen Person nicht erfüllt?	... weil Ihnen ... wichtig ist. / Sie gerne ... gehabt hätten.
Bitte Was könnte eine mögliche Bitte der anderen Person sein?	Sie hätten jetzt gerne ..."

15. Nein sagen, Nein hören

15.1 Zeitdiebe im Arbeitsalltag: „Nicht Nein sagen können"

Einer der größten Zeitdiebe im Arbeitsalltag ist „nicht Nein sagen können". In meinen Selbst- und Zeitmanagement-Seminaren ist dies immer ein Punkt auf der Hitliste der größten Zeitfresser.

Sie können noch so gut planen oder Prioritäten setzen – Ihre Planung wird hinfällig, wenn Sie nicht Nein sagen können. Wer sich immer und sofort um die Anliegen und Bedürfnisse anderer kümmert, weil er niemanden enttäuschen will, kommt nicht mehr zu seinen eigenen Aufgaben, schadet sich selbst und letztlich auch der Firma. Aber sehen Sie es positiv: Wenn Sie bisher nicht Nein sagen konnten, besitzen Sie eine große, bisher ungenutzte Zeitreserve. Zapfen Sie diese an und trainieren Sie, wertschätzend Nein zu sagen.

Nein zu sagen bedeutet mehr, als zu beschließen, irgendetwas nicht oder nicht mehr zu tun. Nein sagen heißt, Ihrem eigenen Inneren zu vertrauen und sich für die eigenen Bedürfnisse einzusetzen.

Warum fällt es so schwer, Nein zu sagen? Hier einige Gründe bzw. Gedanken, die ich häufig in meinen Trainings höre:

- „Ich möchte nicht unfreundlich rüberkommen."
- „Ich möchte akzeptiert werden."
- „Wenn ich Nein sage, könnte der andere auch Nein sagen, wenn ich ihn das nächste Mal um etwas bitte."
- „Ich will unangenehme Reaktionen vermeiden."
- „Wenn alle Ja sagen, möchte ich kein Spielverderber sein."
- „Wenn ich Nein sage, könnte es eine negative Auswirkung auf den Arbeitsplatz oder die Zusammenarbeit haben."

Vielleicht machen Sie sich Sorgen, dass Ihr Nein als Ablehnung verstanden werden könnte, und Sie haben ein Bedürfnis nach Harmonie oder Ausgleich von Geben und Nehmen. Vielleicht stecken Angst, Schuld oder Scham dahinter, ein Nein auszudrücken. Aber bedenken Sie: Ein Nein zu der Bitte einer anderen Person kann ein Ja zu Ihren eigenen Bedürfnissen sein.

Es ist wichtig, dass Sie sich davon lösen, was eine andere Person denken oder sagen könnte, denn damit geben Sie die Macht an den anderen ab und erlauben sich nicht mehr, das zu tun, was Ihnen entspricht.

Häufig höre ich Sätze wie: „Der könnte wirklich rücksichtvoller sein und auch die Bedürfnisse der anderen berücksichtigen.“ Machen Sie sich klar, dass Sie auch bei diesem Gedanken die Verantwortung abgeben. Denn für Ihre Bedürfniserfüllung sind Sie selbst verantwortlich.

Hinter der Angst vor dem Nein steckt letztlich die Angst vor Ablehnung und davor, allein dazustehen. Dabei ist bekannt, dass Ja-Sager in Unternehmen auch nicht besonders hoch im Kurs stehen. Es allen recht machen zu wollen, führt zu einem Verlust von Respekt und Anerkennung – vor anderen und vor sich selbst.

Beobachten Sie Situationen, in denen Sie Ja sagen, obwohl Sie Nein sagen möchten. Übernehmen Sie Aufgaben oder Verpflichtungen, die Sie nicht übernehmen wollen? Sagen Sie Ja zu Dingen, die Sie von Ihren Kernaufgaben abhalten? Sagen Sie Ja zu einer gemeinsamen Mittagspause, auch wenn Sie lieber etwas anderes tun würden?

Wenn Sie herausfinden, in welchen Situationen es Ihnen schwerfällt, Nein zu sagen, besteht der nächste Schritt darin, sich klar darüber zu werden, was Sie möchten, zum Beispiel Aufgaben ablehnen und Ihren Prioritäten treu bleiben.

15.2 Nein-Sagen heißt, eine Entscheidung treffen

Aber oft denken wir, es gäbe nur eine Entweder/oder-Lösung. In vielen Fällen können Sie aber auch eine integrierte Sowohl/als auch-Lösung finden. Versuchen Sie die Bedürfnisse der anderen Person empathisch zu hören, bevor Sie Nein sagen. Seien Sie bemüht eine Strategie zu finden, die Ihre und die Bedürfnisse der anderen Person erfüllt: „Mein Kollege möchte gerne mit mir die Mittagspause verbringen, weil ihm der Austausch (Bedürfnis) wichtig ist. Ich möchte gern allein sein, weil ich ein Bedürfnis nach Entspannung habe."

Schauen Sie Ihre Gefühle und Bedürfnisse an, die Sie sich mit einem Ja erfüllen (z.B. Gemeinsamkeit, Austausch). Schauen Sie auch die Gefühle und Bedürfnisse an, die Sie sich mit einem Nein erfüllen könnten (Regeneration, Entspannung). Vielleicht gibt es eine Handlungsmöglichkeit, die Ihre beiden Bedürfnisse erfüllt: „Ich möchte gerne an jedem zweiten Tag meine Mittagspause allein verbringen. An den anderen Tagen gehe ich gern mit den Kollegen in die Kantine." Je klarer Sie wissen, was Sie wollen, umso leichter fällt es Ihnen, Nein zu sagen.

Sie werden feststellen: Wenn Sie in vier Schritten Nein sagen können, bleibt oft die befürchtete negative Reaktion des anderen aus. Und selbst wenn der andere enttäuscht oder verärgert reagiert, können Sie ihn einfühlsam mit empathischen Ohren hören. Machen Sie sich bewusst, dass Sie nicht für die Gefühle anderer verantwortlich sind.

In vielen Situationen ist es sinnvoll zu klären, wozu Sie eigentlich Nein sagen. Was damit gemeint ist, verdeutlicht folgendes Beispiel. Eine Frau erzählte mir von einem Gespräch mit ihrem Mann. Sie fragte ihn: *„Gehen wir zusammen essen?"* Der Ehemann antwortete: *„Nein."* Sie erzählte weiter: *„Ich war enttäuscht (Gefühl). Ich hatte mit ihm nach dem Essen einen romantischen Abend verbringen und anschließend die Liebe und die Partnerschaft mit ihm genießen wollen (Bedürfnis)."* Ich fragte sie, ob sie sicher sei, dass ihr Mann ihre Bedürfnisse gehört hätte. Da sie ihr Bedürfnis nicht ausgedrückt hatte, wusste ihr Mann vermutlich gar nicht, wozu er Nein gesagt hatte. Das wurde ihr jetzt klar. Sie sagte: *„Er ist so sparsam und hat wahrscheinlich deshalb Nein gesagt. Er hätte niemals vermutet, das hinter dieser Frage ein Bedürfnis nach Liebe und Zärtlichkeit steht."*

Aus diesem Grunde empfehle ich: Fragen Sie empathisch nach dem Bedürfnis des anderen, bevor Sie Nein sagen. Damit Sie sicher sind, wozu Sie Nein sagen, signalisieren Sie Ihrem Gesprächspartner, dass Sie seine Bitte ernst nehmen. Wenn Sie sich dann zu einem Nein entscheiden, drücken Sie dieses in den vier Schritten der Wertschätzenden Kommunikation aus.

Ein weiteres Beispiel: Der Chef bittet die Mitarbeiterin, ein Projekt zu betreuen. Sie antwortet:

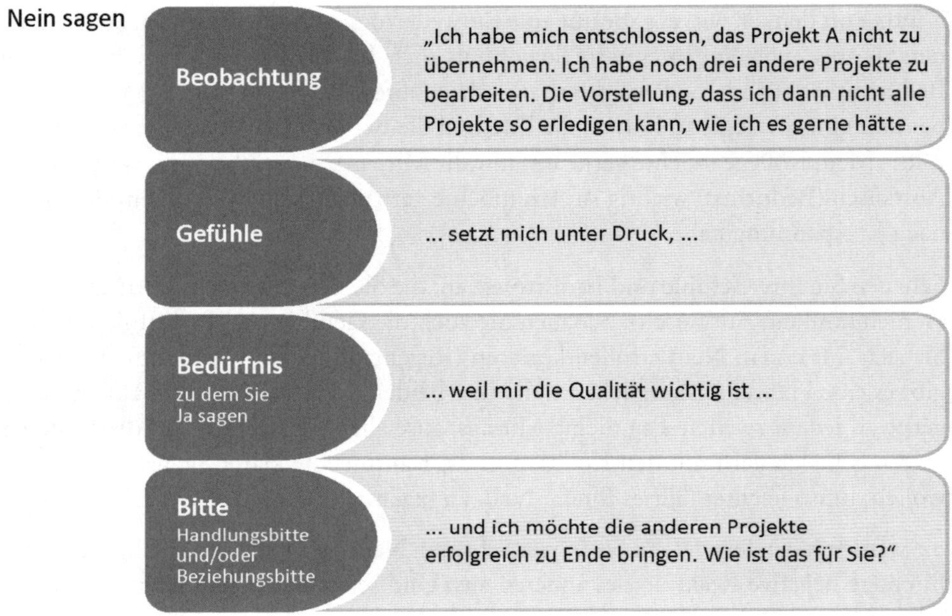

Wenn Sie hin- und hergerissen sind, ob Sie Ja oder Nein sagen sollen, dann schauen Sie, ob es eine Handlungsmöglichkeit gibt, die Ihre beiden Bedürfnisse erfüllt:

Ihre Kollegin fragt Sie: *„Können Sie heute länger bleiben?“ Ihre Antwort: „Ich habe heute um 18 Uhr einen Sporttermin (Beobachtung). Ich bin hin- und hergerissen (Gefühl), da mir einerseits der Sport zur Regeneration (Bedürfnis) wichtig ist und anderseits die gegenseitige Unterstützung/Kooperation (Bedürfnis). Wie ist das für Sie, wenn ich Ihnen morgen helfe? (Bitte)“*

Bei dieser Handlungsmöglichkeit werden sowohl das Bedürfnis nach Regeneration als auch das Bedürfnis nach Kooperation erfüllt.

Achten Sie bitte darauf, dass es kein Bedürfnis ist, wenn Sie sagen: „Ich bleibe länger, weil ich das Bedürfnis habe, meiner Kollegin zu helfen.“ Bedürfnisse sind nicht an Personen gebunden. Wenn Sie länger bleiben, um Ihre Kollegin zu unterstützen, dann tun Sie das aus einem eigenen Bedürfnis heraus. Das könnte sein: Ausgleich von Geben und Nehmen, Teamgeist, Kooperation, Freundschaft, zum Wohlergehen eines anderen Menschen einen Beitrag leisten.

Wenn die Beziehungsebene stimmt, können Sie auch eine Kurzform kommunizieren:

- „Es tut mir leid. Ich kann dies im Augenblick nicht erledigen."
- „Ich bedauere das, aber ich kann XY heute nicht mehr erledigen."
- „Bitte akzeptieren Sie, dass ich XY nicht machen möchte."

Das sind Kurzformen. Zu mehr Verbindung und Klarheit kommt es, wenn Sie in vier Schritten kommunizieren.

15.2.1 Übung: Nein sagen

Denken Sie an eine Situation, in der jemand einen Wunsch oder eine Bitte an Sie heranträgt und Sie mit Nein antworten wollen.

Wie lautet die Bitte, die an Sie herangetragen wird?	
Welches Bedürfnis könnte die andere Person haben?	
Was ist Ihre Beobachtung?	
Wie fühlen Sie sich?	
Welches Bedürfnis erfüllen Sie sich, wenn Sie Nein sagen?	
Wie lautet Ihre Bitte und die konkrete Handlung, zu der Sie Ja sagen?	

15.3 Nein hören

Wenn der andere Nein sagt, wird dies häufig als Ablehnung gehört. In einer verbindenden Kommunikation hören Sie keine Ablehnung, sondern die Bedürfnisse des anderen hinter seinem Nein. Dann wird klar, was den anderen davon abhält, Ihrer Bitte im Moment zu entsprechen. Das ist sowohl im Privat- als auch im Berufsleben sehr wertvoll.

Sie haben die Wahl, wie Sie ein Nein hören. Es hat immer einen Einfluss auf Ihre Kommunikation, Ihre Handlungen und Ihre Beziehungen, mit welchen Ohren Sie gerade hören.

Solange Sie ein Nein persönlich nehmen, ärgern Sie sich und urteilen über die andere Person oder über sich selbst. Urteils-Ohren werden Ihr Leben eher nicht bereichern.

Aus diesem Grunde ist es so wichtig, dass Sie die Fähigkeit erwerben, ein Nein empathisch zu hören. Hören Sie mit den empathischen Ohren, dann hören Sie immer das Bedürfnis – egal, was der andere sagt. Sie kümmern sich darum, was in der anderen Person oder in Ihnen lebendig ist.

Nehmen wir an, Sie fragen Ihren Kollegen: *„Kannst du am Dienstag meinen Spätdienst übernehmen?"* Sie bekommen als Antwort: *„Nein, ich habe im letzten Monat bereits drei Dienste mit dir getauscht."*

Mit den **Urteils-Ohren nach innen** denken Sie: *„Er tauscht den Dienst nicht mit mir, weil ich ihm auch nicht entgegengekommen bin."* Mit den **Urteils-Ohren nach außen** denken Sie: *„Er tauscht keinen Dienst mit mir. Dann werde ich auch keinen Dienst mehr mit ihm tauschen."* Mit den **empathischen Ohren** hören Sie das Nein empathisch und teilen sich in vier Schritten mit.

Nein hören

Das Nein empathisch hören	„Wenn du Nein sagst, denkst du dann an die drei Nachtdienste, die du mit mir getauscht hast? Möchtest du dich darauf verlassen können, dass auch ich den Dienst tausche, wenn du ein Anliegen hast?"
Sich aufrichtig in vier Schritten mitteilen	„Auch mir ist der Ausgleich wichtig und ich bin selbstverständlich bereit, mit dir einen Dienst zu tauschen. Im Moment bin ich besorgt und unter Druck, da wir erst in zwei Monaten einen Kindergartenplatz für unsere Tochter bekommen. Ich brauche die Sicherheit, dass mein Kind gut versorgt ist. Aus diesem Grund habe ich dich gebeten, den Dienst zu tauschen. Wie ist das für dich, wenn du das hörst?"

An dem folgenden Beispiel einer 23-jährigen Assistentin (die Stelle hat sie vor drei Monaten bekommen) möchte ich Ihnen ein weiteres Beispiel für die Möglichkeiten der Empathie bei einem Nein aufzeigen:

Vorgesetzter: *„Können Sie das Protokoll übernehmen?"*

Assistentin: *„Nein, ich bin mir unsicher, können Sie Frau S. (langjährige Assistentin) darum bitten?"*

Vorgesetzter: *„Sind Sie unsicher, weil Sie nicht alle Tagesordnungspunkte kennen, und haben Sie Bedenken, dass Sie wesentliche Dinge nicht ins Protokoll aufnehmen?"*

Assistentin: *„Ja, wenn ich daran denke, dass Herr Dr. B. mich nach dem letzten Protokoll anrief und sagte, ich hätte wesentliche Punkte nicht ins Protokoll aufgenommen. Da wäre es mir lieber, Frau S. würde das Protokoll schreiben."*

Vorgesetzter: *„Wie wäre es für Sie, wenn Sie und Frau S. gemeinsam protokollieren, dann bekommen Sie Sicherheit und können Erfahrungen sammeln? Dann würden Sie erst die nächste Sitzung alleine protokollieren."*

Assistentin: *„O.k., das gibt mir Sicherheit."*

Auch wenn der Dialog gestelzt wirkt: Durch empathische Rückfragen erfahren Sie die Bedürfnisse, die hinter dem Nein eines anderen liegen. Als die Assistentin vollständig mit ihren Bedürfnissen gehört wurde und die Sicherheit bekam und das Vertrauen, das sie brauchte, war Sie offen und konnte Ja sagen. Und der Vorgesetzte hat einen Mehrwert auf der Beziehungsebene geschaffen, denn solche Situationen schaffen Verbindung, Vertrauen und Anerkennung.

Akzeptieren Sie lieber ein offenes Nein als ein halbherziges Ja. Weil Sie mit einem „Jein" nicht das bekommen, was Sie gerne hätten. Hätte die unerfahrene Assistentin das Protokoll fehlerhaft oder unvollständig abgegeben, wären Ärger und Frustration auf allen Seiten die Folge gewesen. Es ist besser, die Chance des Nein zu nutzen und nach Alternativen zu schauen. Wenn Sie die Bedürfnisse anderer empathisch hören, wird es zur Effektivität der Arbeitsleistung und somit zur Wertschöpfung beitragen.

15.3.1 Übung: Empathisch Nein hören

In welcher Situation haben Sie ein Nein auf Ihre Bitte gehört?

Wie lautet das Nein?	
Worauf bezieht sich die Person? (Beobachtung)	
Welche Gefühle und Bedürfnisse könnte die andere Person haben?	
Welche Bitte oder welchen Wunsch könnte die andere Person haben?	

16. Gespräche vorbereiten und führen

Die Wertschätzende Kommunikation gibt Ihnen für die Gesprächsvorbereitung und -führung einen Leitfaden an die Hand. Nutzen Sie die vier Schritte (siehe nachfolgende Abbildung) im „Innen“ zum einen zur Selbstklärung und zum anderen, um sich in Ihren Gesprächspartner einzufühlen. Im „Außen“ geht es um die Kommunikation, die Sie sowohl auf der „Ich-“ als auch auf der „Du-Seite“ zum Ausdruck bringen können.

Dadurch machen Sie sich die unterschiedlichen Zielsetzungen und Bedürfnisse bewusst. In Form der vier Schritte nennen Sie Ihre Anliegen und hören die Anliegen Ihres Gesprächspartners empathisch. Mit der Wertschätzenden Kommunikation hören Sie bei Differenzen die Bedürfnisse aller und versuchen eine Win-Win-Lösung zu erreichen. Ihre Gespräche sind zielorientiert und effizient und gleichzeitig verbindend. Es entsteht Vertrauen.

Bleiben Sie in Gesprächen bei der Struktur der Wertschätzenden Kommunikation. Lassen Sie sich Feedback geben, ob das was Sie sagen auch genauso beim anderen ankommt, wie Sie es gemeint haben.

Als Führungskraft ist es wichtig, dass Sie Schieflagen erkennen und diese deutlich ansprechen. Dies sollte auf eine konkrete Beobachtung bezogen sein und zeitnah erfolgen.

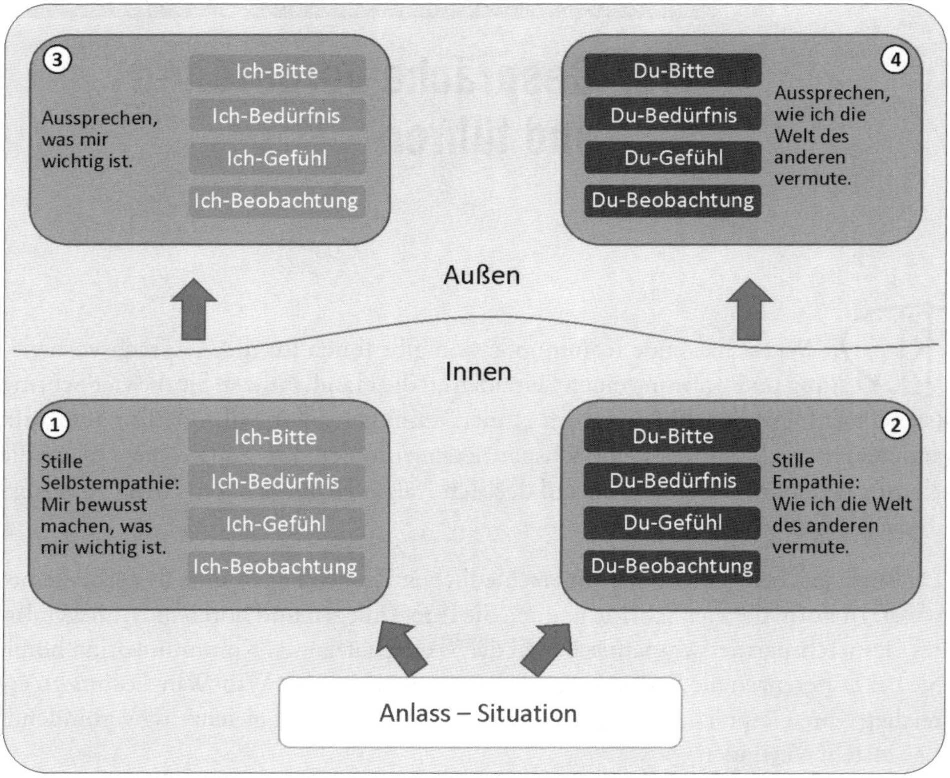

Zur Verdeutlichung folgendes Beispiel:

Anlass – Situation

Mitarbeiter XY sitzt vor dem PC und surft im Internet. Sie denken: *„Jetzt sitzt der schon wieder vor dem Internet und surft. Was bildet der sich ein, der soll seine Arbeit machen. Der hat zu tun, was ich ihm sage. Was kann ich mit so einem Mitarbeiter anfangen, der ist hier nicht auf der geeigneten Stelle …"*

Wenn Sie dem Mitarbeiter Ihre Vorwürfe in dieser Form mitteilen würden, hätte das Gespräch wohl kaum Chancen auf Erfolg.

① Machen Sie sich bewusst, was Ihre Beobachtung ist. Wie fühlen Sie sich und welches Bedürfnis ist erfüllt oder nicht erfüllt? Um was möchten Sie konkret bitten?

② Machen Sie sich bewusst, wie die Welt Ihres Gesprächspartners aussehen könnte.

③ Auf die Ich-Seite bezogen hätte der Gesprächseinstieg wie folgt aussehen können – Vorgesetzter: *„Wenn ich an gestern denke, als Sie im Internet gesurft haben und wir um 16 Uhr den Abgabetermin für die Statistik hatten, dann bin ich frustriert, weil ich* *mir ein Miteinander in der Abteilung wünsche. Können Sie mir jetzt sagen, was Sie davon abgehalten hat, zu helfen?"*

In diesem Beispiel wählte der Vorgesetzte den empathischen Weg auf der Du-Seite. Dadurch ist folgender Dialog entstanden:

④ Vorgesetzter: *„Gestern waren Sie im Internet und der Abgabetermin für die Statistik war um 16 Uhr. Waren Sie unsicher, wie Sie die anderen hätten unterstützen können?"*
Mitarbeiter: *„Ja, wenn ich Frau Z. frage, ob ich helfen kann, sagt sie, sie muss selbst erst einmal schauen. Dann komme ich mir überflüssig vor und mir ist es zu dumm, wiederholt zu fragen."*
Vorgesetzter: *„Das heißt also, Sie möchten sich gerne einsetzen und fragen sich, wie Sie das genau tun können?"*
Mitarbeiter: *„Ja, ich bin hier einfach nicht ausgelastet. Ich würde gerne ein eigenes Projekt übernehmen."*
Vorgesetzter: *„O.k., dann lassen Sie uns darüber reden."*

Wie Sie an diesem Beispiel erkennen können, liegen in der Empathie große Chancen. Die guten Gründe hinter einem Verhalten zu erfahren eröffnet andere Perspektiven in der Kommunikation, als wenn Sie sagen, was gerade schiefläuft.

Der Vorgesetzte, der mir von diesem Beispiel erzählte, war überrascht, als er das von seinem Mitarbeiter hörte. Und teilte mit, dass er seit diesem Gespräch mit der Arbeitsleistung dieses Mitarbeiters voll und ganz zufrieden sei. Durch das Gespräch sei für beide Seiten eine völlig andere Art und Weise der Zusammenarbeit entstanden.

16.1 Zwanzig Überlegungen zur Gesprächsgestaltung

1	Entscheiden Sie sich klar für oder gegen ein Gespräch.
2	Achten Sie auf den richtigen Zeitpunkt (nicht zwischen Tür und Angel).
3	Bereiten Sie sich selbstempathisch und empathisch auf das Gespräch vor.
4	Gehen Sie nie ohne ein Ziel (Bedürfnisse und Handlungen) in ein Gespräch. Formulieren Sie Ihr Gesprächsziel.
5	Fragen Sie sich, welche Unterlagen und welche Informationen Sie benötigen.
6	Achten Sie auf eine gute Gesprächsatmosphäre.
7	Kommunizieren Sie eindeutig und klar in den vier Schritten. Drücken Sie Ihre Anliegen aus und nehmen Sie die Anliegen Ihres Gesprächspartners empathisch wahr.
8	Halten Sie die Balance zwischen Sach- und Beziehungsebene. Sachebene: Beobachtung und Bitte, Beziehungsebene: Gefühle und Bedürfnisse.
9	Vermeiden Sie Urteile und Schuldzuweisungen.
10	Hören Sie hinter Urteilen und Kritik die Bedürfnisse.
11	Übernehmen Sie Verantwortung für Ihre Gefühle und Bedürfnisse.
12	Hören Sie empathisch zu! Wiederholen Sie die sachliche und emotionale Botschaft in eigenen Worten.
13	Sind Sie in der Haltung „Ich verstehe Ihr Verhalten", bedeutet das nicht, dass Sie damit einverstanden sind.
14	Durch empathische Fragen bekommen Gespräche andere Impulse.
15	Haben Sie Mut zur Frage oder zur eigenen Stellungnahme. Wer eine Frage hat oder Stellung bezieht, zeigt Interesse. Fragen Sie so lange, bis Sie wirklich Klarheit haben.
16	Bleiben Sie in Konfliktsituationen in einer bedürfnisorientierten Sprache und suchen Sie Handlungsmöglichkeiten, die die Bedürfnisse aller berücksichtigen und zu Win-Win-Lösungen führen.
17	Stellen Sie klare gegenwartsbezogene Bitten.
18	Stellen Sie sicher, ob Ihre Botschaften so ankommen, wie Sie sie gemeint haben.
19	Fassen Sie zum Schluss das Wichtigste und Ihre Vereinbarungen zusammen.
20	Prüfen Sie, ob Sie eine wertschätzende Verbindung zu sich selbst und zu Ihrem Gesprächspartner aufbauen konnten.

16.2 Mitarbeitergespräche: Begegnen statt beurteilen

Zu Mitarbeitergesprächen gibt es in Unternehmen diverse Betriebsvereinbarungen, Leitfäden und Richtlinien. Ich glaube, dass die Haltung der Wertschätzenden Kommunikation ein zusätzlicher wichtiger Aspekt ist. Wenn Sie die Wertschätzende Kommunikation in Ihre Mitarbeitergespräche mit einbeziehen, haben Sie ein wirksames Handwerkszeug, mit dem Sie sowohl auf der Sach- als auch auf der Beziehungsebene eine Verbindung herstellen können.

In ruhiger Atmosphäre werden die vergangenen Wochen, Monate oder das gesamte Jahr noch einmal durchgesprochen. Mitarbeitergespräche sind wichtig. Zunächst einmal bieten sie Chancen – sowohl für den Vorgesetzten als auch für den Mitarbeitenden. Ich sehe Mitarbeitergespräche nicht als „Muss“, die einmal im Jahr „von oben“ angeordnet werden. Vielmehr sehe ich sie als ständiges, unmittelbares, situatives Feedback.

Ob Gespräche jedoch tatsächlich zum Erfolg beitragen, hängt davon ab, in welcher Haltung sie geführt werden. Geht es um ein wirkliches Miteinander? Dazu passt folgendes Zitat von Antoine de Saint-Exupéry: „Wenn du ein Schiff bauen willst, so trommle nicht Männer zusammen, um Holz zu beschaffen, Werkzeuge vorzubereiten, Aufgaben zu vergeben und die Arbeit einzuteilen, sondern lehre die Männer die Sehnsucht nach dem weiten, endlosen Meer!"

Mitarbeitern empfehle ich, sich schriftlich vorzubereiten. Zum einen signalisiert das, dass Sie sich Gedanken gemacht haben – zum anderen hilft es Ihnen, wichtige und vielleicht auch kritische Punkte „auf dem Zettel“ zu haben. So ist es einfacher, Dinge anzusprechen und nach Lösungen zu suchen, die für beide Seiten stimmig sind.

Führungskräften rate ich, auf die empathische Kommunikation zu achten. Hören Sie hinter den Worten die Gefühle und Bedürfnisse Ihrer Mitarbeiter. Es ist für einen Mitarbeiter verbindend, wenn er spürt, dass Sie ihn in seinen Anliegen vollständig hören.

Oft neigen Vorgesetzte dazu, viel über Fakten, Ziele, Termine und Forderungen zu sprechen. Die Quelle für das Miteinander liegt jedoch auf der Beziehungsebene. Wo steht der Mitarbeiter? Wo liegen seine eigenen Ziele? Und zu welchen Punkten sagen Sie beide Ja?

Sie können Ziele zwar diktieren und anweisen, die Frage ist dann aber, ob das äußerliche Ja von Ihrem Mitarbeiter nicht ein innerliches Nein bedeutet.

Wenn Sie Veränderungen wollen, lassen Sie den anderen die Sinnhaftigkeit Ihres Veränderungswunsches erkennen. Denn Menschen verändern sich nur, wenn sie es auch selbst wollen. Erläutern und begründen Sie Ihre Anforderungen. Machen Sie Ihre Bedürfnisse deutlich und formulieren Sie klare, gegenwartsbezogene Bitten. Klare Bitten werden häufig mit Härte verwechselt. Achten Sie gerade am Ende des Gesprächs darauf, wie Ihre Botschaften angekommen sind. Bitten Sie um Feedback, was der andere verstanden hat und wie er sich damit fühlt, damit Sie sicher sein können, dass die getroffenen Vereinbarungen für beide Seiten klar und stimmig sind.

In der Wertschätzenden Kommunikation geht es darum, die Bedürfnisse und Ziele aller zu sehen. Wenn Sie nur Ihre Interessen durchsetzen, erzeugt das Widerstand und der andere verliert die Lust an der Arbeit und am Miteinander. Deshalb ist es so wichtig, gemeinsame Ziele zu verfolgen und den anderen „mit gewinnen" zu lassen.

17. Aufgaben delegieren

Delegieren setzt zwei Dinge voraus, das Wollen und das Können.

Manager klagen über hohe Arbeitsbelastung. Sie bemerken, dass kaum Zeit für Freizeit und Familie ist. Sie haben einen Zehn- bis Zwölfstundentag. Und irgendwann taucht die Frage auf: „Was ist wichtig im Leben? Was ist das Wesentliche?“

Setzen Sie Prioritäten, heißt es im Zeitmanagement. Wer delegiert, kennt die Prioritäten besser. Dem stimme ich völlig zu. Was ist der Nutzen des Delegierens? Zeit für die wichtigen Aufgaben zu haben, die Sie Ihrem Ziel um achtzig Prozent näher bringen. Das ist das berühmte Pareto-Prinzip. Führen heißt auch delegieren können.

Ich möchte einen weiteren Aspekt hinzufügen. Es geht beim Delegieren immer um Bedürfniserfüllung. Die Bedürfnisse können ganz unterschiedlich sein, z.B. nach Effizienz, Erfolg, Weiterentwicklung und Effektivität. Es können aber auch ganz persönliche Bedürfnisse sein wie Gesundheit, Regeneration, Zeit für sich selbst oder Zeit mit Menschen zu verbringen, die Ihnen wichtig sind.

Überlegen Sie sich, welche Bedürfnisse Sie sich erfüllen, wenn Sie delegieren. Ich bin überzeugt, dass Sie dann dem „Wollen“ ein Stück näher kommen. Wer delegiert, hat Zeit für wichtigere Aufgaben. Das klingt einfach, doch höre ich häufig:

- „In der Qualität, wie ich die Aufgabe erledige, erfüllt sie kein anderer!“
- „Die Erklärung kostet so viel Zeit, da mache ich es lieber selbst!“

Wenn Sie sich den ersten Satz sagen, dann können Sie sich jetzt fragen, welche innere Stimme da spricht – vielleicht Ihr Perfektionist? Sätze wie „Es muss perfekt sein, es ist wichtig, ich muss mich verlassen können“, deuten auf den Perfektionisten. Hinter dieser inneren Stimme liegen Bedürfnisse nach Verlässlichkeit, Sicherheit und Vertrauen. Als Führungskraft geht es darum, sicherzustellen, dass Sie Ihre Mitarbeiter unterstützen und ihnen in einem Projekt zur Seite stehen, ohne sie in zu hohem Maße zu kontrollieren. Sie können sich auch fragen, ob Sie Aufgaben lieber selbst erledigen, weil Sie sich nicht mit eventuellen Widerständen von Mitarbeitern auseinandersetzen wollen.

Wenn Sie sich den zweiten Satz sagen („Bis ich das erklärt habe, mache ich es lieber selbst“), dann spielt vermutlich Ihr Bedürfnis nach Zeit-Effizienz eine Rolle. Delegieren bedeutet tatsächlich erst einmal Investieren von Zeit, um eine Aufgabe zu übertragen. Vielleicht ist Ihre Sorge auch, dass der Mitarbeiter bei der Ausführung Fehler macht, die dann als Mehrarbeit wieder auf Sie zukommen. Wichtig ist, hier zu klären, ob eine Aufgabe einmalig oder in regelmäßigen Intervallen vorkommt. Wenn Letzteres der Fall ist, lohnt es sich in jedem Fall, die Zeit jetzt zu investieren, weil Sie mittel- und langfristig durch die Delegation Zeit gewinnen – als Return of Investment. Das setzt Vertrauen in den Mitarbeiter voraus und den Willen, ihm Freiräume zu geben.

Gefühle können wertvolle Hinweise sein. Wenn Stress, Druck oder Anspannungen auftauchen, dann gehen Sie auf die Beobachtung zurück und schauen Sie, welchen Auslöser es gab. Welche Bedürfnisse bleiben gerade auf der Strecke? Könnte es jetzt für Sie eine Handlungsoption sein, zu delegieren? Fragen Sie sich bei allen Aufgaben, die anstehen, ob Sie sie selbst ausführen oder delegieren.

Nun zum Können: Wer delegiert, hat mehr Zeit für wichtigere Aufgaben. Einfacher gesagt als getan! Delegieren heißt, eine Aufgabe oder Tätigkeitsbereiche an eine andere Person so zu übertragen, dass sie Ihren Erwartungen gemäß erfüllt werden. Das setzt eine klare, effiziente und vor allem verbindende Kommunikation voraus. Eine unklare Anweisung führt zu fehlerhaften Arbeitsergebnissen und damit zur Frustration aller Beteiligten. Sicherlich haben Sie schon erlebt, dass jemand zu ganz anderen Ergebnissen kam, als Sie es sich vorgestellt haben. Als Delegationsempfänger haben Sie sich vielleicht schon gefragt, ob Sie alles falsch verstanden haben. Delegation ist ein Dialog, in dem der Umfang der Aufgabe, die Befugnisse, die Kompetenzen und die Handlungsverantwortung genau geklärt werden. Hierbei reicht das Spektrum von einfachen Tätigkeiten bis zu komplexen Aufgaben, Tätigkeitsbereichen und Funktionen im Unternehmen. Bedenken Sie, dass beim Delegieren in Bezug auf die Erfüllung der Aufgabe eine Beziehung zwischen zwei Personen entsteht. Das setzt Vertrauen voraus. Die Kommunikation sowohl auf der Sach- als auch auf der Beziehungsebene ist die Herausforderung. Wichtig ist die Rückkopplung, ob Sie beide vom Gleichen ausgehen. Dieser Abgleich wird häufig übergangen, weil man ja „keine Zeit“ hat. Aber was unklare Kommunikation letztlich an Zeit kostet, haben Sie ja bereits in anderen Kapiteln dieses Buches gelesen. Für erfolgversprechendes Delegieren ist es deshalb wesentlich, die Beobachtung mit folgenden Fragen genau zu klären – fragen Sie sich:

→ Was soll getan werden? (Inhalt)

Bei dieser Frage ist es wichtig, dass Sie sich als Delegationsgeber klar festlegen, welche Aufgabe Sie in welchem Umfang abgeben möchten. Das Eisenhower-Prinzip, die ABC-Analyse oder auch das Pareto-Prinzip sind gute Ansätze, um zu entscheiden, welche Aufgaben Sie delegieren. Delegieren Sie C-Aufgaben, um sich für wesentliche und wichtige A-Aufgaben zu entlasten. Delegieren Sie auch interessante, herausfordernde B-Aufgaben gezielt an ausgewählte Mitarbeiter. Nutzen Sie das Fach- und Spezialwissen der Mitarbeiter. Als Führungskraft gewinnen Sie dadurch Zeit. Ihr Mitarbeiter profitiert von Ihrem Vertrauen, denn Sie zeigen ihm damit, dass Sie ihm etwas zutrauen. Das fördert seine Weiterentwicklung und Kompetenz. Fühlen Mitarbeiter sich wertgeschätzt, steigt das Selbstwertgefühl. Sie werden Mut haben, eigene Ideen einzubringen. Werden Mitarbeiter in den Entwicklungs- und Entscheidungsprozess einbezogen, können sie mitgestalten und mitentscheiden. Das steigert die Identifikation mit dem Unternehmensziel und die Freude daran, gemeinsam Ziele zu erreichen.

→ Wer soll es tun? (Person)

Delegieren Sie nicht nur nach Kompetenzen und Potenzialen. Berücksichtigen Sie auch die Neigungen. Fragen Sie sich und/oder Ihre Mitarbeitende, wer Lust und Freude daran hat, genau diese Arbeit zu tun bzw. dieses Ziel zu erreichen. Das führt zu besseren Ergebnissen. Denken Sie auch an faire Arbeitsaufteilung. Wenn Mitarbeiter denken, dass Kollegen bevorzugt oder benachteiligt werden, sorgt das für Unzufriedenheit (Demotivation) und Konflikt-Potenzial in der Zusammenarbeit. Alle haben ein Gespür für Fairness. Bedürfnisse nach Fairness, Gleichwertigkeit und Integration werden vielleicht nicht unbedingt ausgesprochen. Der Wunsch nach „fairen Führungsprozessen" ist dennoch allzeit präsent. Es ist grundsätzlich eine spannende Frage, was dazu beitragen kann, dass Sie keine demotivierten Mitarbeitenden haben oder bekommen. Denken Sie auch in die Richtung „Was demotiviert?" anstatt „Wie motiviere ich?". Denn die extrinsische Motivation alleine bringt Ihnen nicht den dauerhaft gewünschten Erfolg und Leistungseinsatz. Es sind die intrinsische Motivation und Inspiration, die langfristig zum Erfolg führen.

→ Warum soll sie/er es tun? (Ziel, Motivation)

Es ist gut, sich darüber klar zu werden, warum Sie sich bei einer Aufgabe für genau diesen Mitarbeiter entscheiden. Es ist auch eine gute Gelegenheit, nach außen zu kommunizieren, welche Kompetenzen Sie dem Mitarbeiter zuschreiben: „Ich möchte Ihnen das Projekt XY übertragen, weil ich Ihre Zuverlässigkeit und Achtsamkeit schätze."

→ Wie soll sie/er es tun? (Umfang, Details)

Beschreiben Sie Umfang und Details der Aufgabe, bei komplexeren Aufgaben schriftlich.

→ Womit? (Arbeitsmittel, Unterlagen, Budget)

Besprechen Sie die Arbeitsmittel und stellen Sie die benötigten Unterlagen zur Verfügung. Teilen Sie das Budget mit.

→ Woran erkennen Sie, dass die Aufgabe erfüllt wird?

Verschaffen Sie sich vor der Delegation Zielklarheit und achten Sie darauf, dass Ihr Mitarbeiter und Sie vom Gleichen ausgehen. Teilen Sie Ihrem Mitarbeiter mit, woran Sie erkennen, dass die Aufgabe erfüllt ist.

→ Wann soll es erledigt sein? (Termine Beginn/Ende)

Seien Sie mit Zeitangaben sehr genau und vermeiden Sie Formulierungen wie: „Schnellstmöglich …“, „Bis nächste Woche …“, „Wenn Sie Zeit haben.“ Wenn Sie sagen: „Ich möchte die Unterlagen bis Freitag“, aber eigentlich „Freitag 14 Uhr“ damit meinen, dann sagen Sie das auch.

17.1 Delegieren auf einen Blick

Delegieren

Was	Inhalt Zahlen, Daten, Fakten
Wer	Person Bitte nicht zwei Personen – ohne deren Wissen – die gleiche Aufgabe delegieren.
Warum	Nennen Sie Ihre Ziele, Ihre Motivation und Ihre Bedürfnisse.
Womit	Teilen Sie mit, welche Arbeitsmittel, Unterlagen und/oder welches Budget zur Verfügung stehen.
Wie	Kommunizieren Sie den Umfang, die Details und woran Sie erkennen, dass die Aufgabe erfüllt ist.
Wann	Teilen Sie den Beginn, das Ende und weitere Termine klar mit.
Rückmeldung	Vergewissern Sie sich, ob die Aufgabe verstanden wurde. Lassen Sie sich evtl. Zwischenergebnisse zeigen.

17.2 Wertschätzend delegieren

Prüfen Sie, welcher Person Sie die Befugnis erteilen möchten und welche Kompetenzen diese Person hat oder braucht. Seien Sie sich bewusst, dass Sie beide die Verantwortung für das Gelingen tragen. Als Führungskraft tragen Sie Führungsverantwortung. Der Delegationsempfänger trägt die Handlungsverantwortung und berichtet in vereinbarten Zeitabständen an Sie. Wertschätzend delegieren bedeutet, dass Sie sich Gedanken darüber machen, welcher Mitarbeiter welche Arbeit besonders gern macht. Auch die aktuelle Arbeitssituation und die Kapazität Ihrer Mitarbeiter spielen eine Rolle.

Wertschätzend delegieren bedeutet „Macht mit Menschen" statt „Macht über Menschen". Behalten Sie im Auge, dass Sie nicht nur an Personen delegieren, die es Ihnen leicht machen und sofort Ja sagen. Das kann einerseits zu einer Überforderung Einzelner führen oder auch zu Irritationen im Team, wenn andere denken, dass Teammitglieder benachteiligt oder bevorzugt werden. Fördern Sie durch Delegieren die Selbstständigkeit, die Eigeninitiative und die Kompetenz Ihrer Mitarbeitenden.

Beispiel für einen wertschätzenden Dialog bei einer neuen Aufgabe:

Ich-Seite (Delegationsgeber)	Du-Seite (Delegationsempfänger) empathisch hören
Beobachtung: Ihre genaue Beschreibung der Aufgabe: Zahlen, Daten, Fakten	*Beobachtung:* Sicherstellen, ob die Person von den gleichen Zahlen, Daten, Fakten ausgeht.
Gefühl: Welche Gefühle haben Sie, wenn Sie diese Aufgabe delegieren. Z.B. erleichtert, unter Druck	*Gefühl:* Wie fühlt sich die Person, wenn sie die Aufgabe bekommt? Z.B. freudig, unsicher
Bedürfnis: Welches Bedürfnis wird für Sie erfüllt? Z.B. Unterstützung, Effizienz, Sicherheit, Entlastung	*Bedürfnis:* Welches Bedürfnis erfüllt sich für die andere Person? Z.B. Wertschätzung, Vertrauen, Klarheit

Ich-Seite (Delegationsgeber)	Du-Seite (Delegationsempfänger) empathisch hören
Handlungsbitte: „Können Sie diese Aufgabe übernehmen? Was kann Sie unterstützen, Ihnen Mut geben, diese neue Herausforderung anzugehen? Was brauchen Sie?" *Feedbackbitte:* „Können Sie mir eine Rückmeldung geben, wie Sie die Aufgabe verstanden haben? Damit ich sicher sein kann, dass wir vom Gleichen ausgehen." *Beziehungsbitte:* „Wie geht es Ihnen bei dem Gedanken, diese Aufgabe zu übernehmen?"	*Bitte:* Welche Bitte könnte die andere Person an Sie haben? Z.B. „Hätten Sie gerne, dass wir uns einmal pro Woche treffen und den Zwischenstand abgleichen?"

Delegationsempfängern empfehle ich, genau darauf zu achten, ob sie Klarheit über die Aufgaben, die Befugnisse und die Kompetenzen von der Führungskraft bekommen haben. Achten Sie deshalb darauf, dass Sie genaue Zahlen, Daten und Fakten bekommen. (Wenn Sie also hören: „Malen Sie mal eine Kanne", fragen Sie bitte nach: „Meinen Sie eine Kaffeekanne oder eine Ölkanne?") Es mangelt häufig auch an klaren Bitten – stattdessen werden häufig „fromme Wünsche" geäußert wie: „Machen Sie mal." Lassen Sie sich nicht darauf ein. Sie können bei derartigen Anweisungen meist nicht die Erwartungen erfüllen, denn alles, was Sie tun, kann als falsch oder richtig ausgelegt werden. Unklaren Anweisungen können Sie mit folgenden Fragen begegnen:

- „Meinen Sie ...?"
- „Beziehen Sie sich auf ...?"
- „Gehen Sie von ... aus?"
- „An was denken Sie genau ...?"
- „Stellen Sie sich ... vor?"
- „Können Sie das genau erläutern?"

Wenn die Aufgabe abgeschlossen ist, empfehle ich einen Rückblick auf die Ausführungen. Das kann sowohl der Delegationsempfänger als auch der Delegationsgeber für sich tun. Sie können auch die Entwicklungschancen einer gemeinsamen Ergebniskontrolle nutzen.

Beobachtung:	„Wie war der Ablauf?" „Wie war die Durchführung?" „Was lief zu Ihrer Zufriedenheit?" „Wo sehen Sie Entwicklungschancen?" „Gibt es neue Erkenntnisse?"
Gefühl:	„Wie fühlen Sie sich jetzt, nachdem die Aufgabe erfüllt wurde?"
Bedürfnis:	„Welche Bedürfnisse wurden erfüllt bzw. nicht erfüllt?"
Bitte/Dank:	„Welche Bitten haben Sie für die zukünftige Ausführung dieser Aufgabe?" „Welche Wertschätzung möchten Sie zum Ausdruck bringen?"

Wie Sie mit diesem Feedback achtsam umgehen, lesen Sie in den Kapiteln Kritik und Wertschätzung.

18. Wertschätzung

18.1 Wertschätzung hat nichts mit Loben zu tun

„Ihre Präsentation war super. Da haben Sie wirklich gute Arbeit geleistet."
„Eine tolle Note, da hast du eine super Leistung in der Schule erbracht."

Wie bereits zu Anfang des Buches erwähnt: Auf den ersten Blick hören sich solche Aussagen wertschätzend an. Nicht jedoch nach dem Verständnis der Wertschätzenden Kommunikation. Lob und Komplimente gehören zu einer trennenden Kommunikation. Warum? Loben funktioniert hierarchisch: Von oben darf gesagt werden, was gut und was schlecht läuft. Sie kommunizieren nicht auf gleicher Augenhöhe. Sie stellen sich über jemanden und Sie beurteilen, was gut oder schlecht, richtig oder falsch ist. Dem Loben geht immer ein Bewertungsvorgang voraus, der sich auf ein Verhalten oder auf die Person selbst bezieht. Dadurch entsteht Dominanz und keine Gleichwertigkeit.

Loben hat die gleiche Energie wie Tadeln. Es ist wie „Zuckerbrot und Peitsche". In den Managementtrainings hatte das Loben Hochkonjunktur. Jedoch haben die Mitarbeitenden inzwischen bemerkt, dass sie häufig nur dann gelobt werden, wenn der Chef etwas von ihnen will. So ist das Lob manipulationsverdächtig.

Häufig wird mit der Absicht gelobt, die Produktivität zu steigern. Ich höre jedoch immer wieder, dass Mitarbeiter diesen Hintergedanken spüren. Denn wer sich herausnehmen darf zu loben, der wird sich auch nicht scheuen zu tadeln. So wartet mancher Mitarbeiter bei einem Lob schon gespannt darauf, was als Nächstes kommt, weil Lob gern als Einleitung für Kritik benutzt wird.

Auch angesichts hoher Erwartungshaltungen kann Lob Angst machen. Es kann passieren, dass der Mitarbeitende sich durch ein Lob selbst unter Druck setzt, weil er Angst hat, den Ansprüchen in Zukunft nicht gerecht werden zu können.

Unternehmen brauchen Mitarbeitende, die ihre Kraft in sich finden und in sich ruhen. Sie brauchen selbstsichere Mitarbeitende, die sich nicht von einer Welt des Lobens abhängig machen. Doch das ist erst dann möglich, wenn sich Ihre Mitarbeitenden nicht für das Spiel von Bewertungen in „gut" und „schlecht" verfügbar machen. Dafür braucht es Wertschätzung und kein Lob.

Ich bedauere es häufig, dass wir in unserer Gesellschaft wenig Wertschätzung erfahren, sondern geprägt sind von dem Spiel, uns wechselseitig „hochzuziehen“ oder „runterzudrücken“. Wir haben es nicht gelernt, echte Wertschätzung zu empfangen oder auszudrücken. Jeder, der Wertschätzung kennt und erlebt hat, weiß jedoch, wie gut das tut. Aufrichtige Wertschätzung inspiriert uns, mit Freude zu geben. Sie gibt die Kraft, den Alltag und das Berufsleben zu meistern. Menschen wünschen sich Anerkennung, die von Herzen kommt. Das ist jedoch selten zu finden, in Unternehmen genauso wenig wie im privaten Alltag.

Häufig wird Wertschätzung an materiellen Dingen festgemacht: ein höheres Gehalt, das schickere Büro, der größere Firmenwagen, der eigene Parkplatz. Die innere Zufriedenheit wird in Äußerlichkeiten gesucht. Für den einen oder anderen mag das zur Erfüllung führen, denn sicherlich verschönern äußerliche Annehmlichkeiten das Leben. Dabei darf die innere Zufriedenheit aber nicht auf der Strecke bleiben.

Wenn Mitarbeitende gerne zur Arbeit kommen, weil sie wertgeschätzt werden, weil sie gesehen werden, weil sie ernst genommen werden und weil Vertrauen, Autonomie, Freude und ein Miteinander gelebt werden, die ihren Werten entsprechen, dann ist das sicherlich ein wertvoller Beitrag zur Zufriedenheit.

Viele Menschen spüren an ihrem Arbeitsplatz jedoch schmerzlich ein Defizit und sehnen sich nach Menschlichkeit. Sie möchten ihre Werte nicht beim Pförtner abgeben, sondern leben und erleben, so wie es vermutlich auch in den Leitlinien vieler Unternehmen geschrieben steht. Jedoch scheint es eine Herausforderung zu sein, diese Werte nicht nur schriftlich zu formulieren, sondern auch umzusetzen.

Der Verlust von Anerkennung und Wertschätzung zeigt sich häufig in Frust. Dieser entsteht durch Nichtbeachtung beim Umgang mit dem Vorgesetzten oder den Kollegen. Wenn es keine gegenseitige Achtung in einer Firma gibt, kann das zum Dienst nach Vorschrift, zur inneren und sogar zur realen Kündigung führen.

Beinahe 90 Prozent der deutschen Beschäftigten fühlen sich emotional kaum an ihr Unternehmen gebunden. Die Mehrheit setzt sich nur wenig für ihre Arbeitgeber ein. Das ist das Ergebnis des „Engagement Index“, der Anfang 2009 von der Gallup GmbH veröffentlicht wurde. Das Beratungsunternehmen hatte hierfür 1.855 Arbeitnehmer und Arbeitnehmerinnen ab 18 Jahren in Deutschland befragt. Demnach sind 67 Prozent der Arbeitnehmer emotional nur gering an ihr Unternehmen gebunden und machen Dienst nach Vorschrift. Jeder fünfte hat innerlich bereits gekündigt. Lediglich 13 Prozent der Beschäftigten verspüren eine echte Verpflichtung gegenüber ihrem Unternehmen und arbeiten hoch engagiert.

Es gibt viele Möglichkeiten, wie Sie durch Wertschätzung die Freude Ihrer Mitarbeitenden wecken können, sodass eine innere Verbundenheit mit dem Unternehmen entsteht. Abgesehen von einer wertschätzenden Sprache können das auch Annehmlichkeiten sein wie ein ansprechendes Außengelände mit Sitzmöglichkeiten, die für Regenation oder als Kreativräume genutzt werden können, oder ein Angebot zur Work-Life-Balance und Gesunderhaltung von Mitarbeitern (Sportangebote, Fitnessraum, Yoga, Massage in den Pausen etc).

Welche Strategie Sie auch wählen, um Ihre Wertschätzung zu zeigen, wichtig dabei ist eine klare Kommunikation. Nur so können Sie sicherstellen, dass die Wertschätzung auch beim anderen ankommt. Das kann am Anfang durchaus schwierig sein, wie das folgende Beispiel zeigt:

Ein Ehepaar nimmt sich vor, sich eine Woche lang gegenseitig Wertschätzung zu geben.

Nach einer Woche sagt die Frau: „Es hat nicht geklappt, du hast mir überhaupt keine Wertschätzung gegeben."

Er: „Was? Ich habe dir keine Wertschätzung gegeben?"

Sie: „Ja, du hast nichts gemacht."

Er: „Ich habe dein Auto gewaschen. Ich habe das Regal aufgehängt, weil du schon seit 14 Tagen sagst, dass müsste erledigt werden. Außerdem habe ich für dich den Garten gemacht. Und du sagst, ich habe nichts getan? Wie hätte ich dir Wertschätzung in deinem Sinne entgegenbringen können?"

Sie: „Mit Streicheleinheiten und mehr Zeit für uns."

Wertschätzung ist Anerkennung, die vom Herzen kommt. Es geht darum, den anderen zu sehen und wahrzunehmen. Und wie immer – beginnt sie bei Ihnen selbst. Wertschätzung drückt aus, welchen Wert Sie schätzen. Der entscheidende Unterschied zwischen Lob und Wertschätzung ist die Absicht, die dahinter steht. Ehrliche und aufrichtige Dankbarkeit hat die Absicht, Freude zu teilen und Ergebnisse zu feiern. Wertschätzung äußert sich durch beständige Zuwendung und Aufmerksamkeit sowie durch einen respektvollen Umgang mit dem anderen. Die grundsätzliche Absicht der Wertschätzung ist nicht an Leistung geknüpft, sondern an den Menschen, den ich wertschätze, und für das, was er ist.

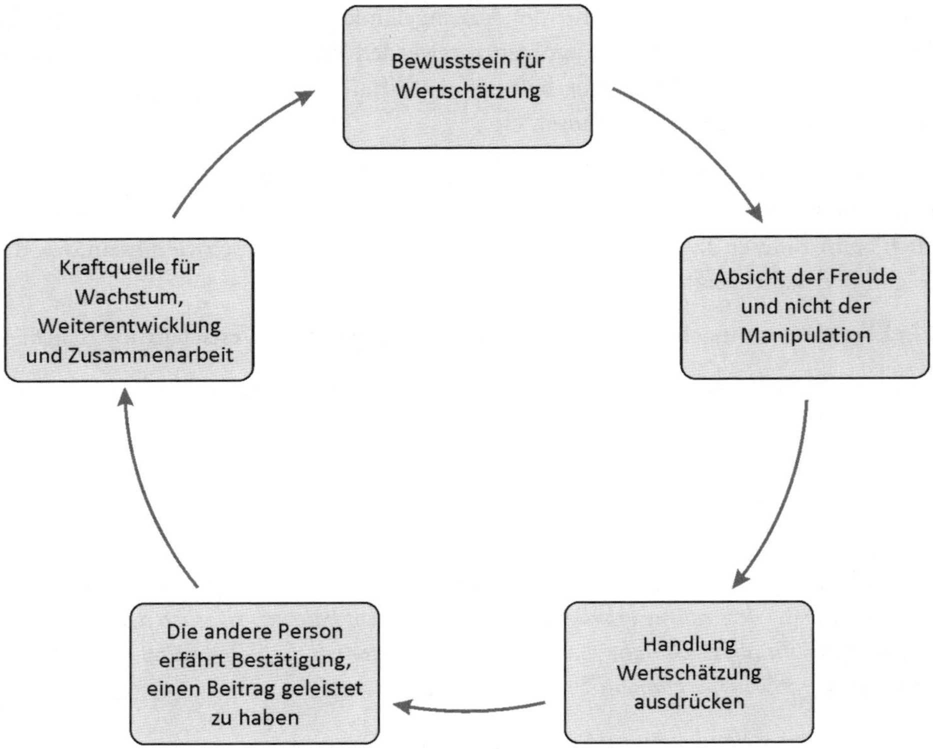

Wertschätzungskreislauf © Beate Brüggemeier

18.2 Wertschätzung ausdrücken

Wertschätzung beinhaltet die Schritte, die Sie in den vorangegangenen Kapiteln bereits kennengelernt haben: Beobachtung, Gefühl, Bedürfnis. Bei der Wertschätzung können Sie die Reihenfolge bei den Schritten Gefühl und Bedürfnis tauschen. Der vierte Schritt, die Bitte, ist bei der Wertschätzung der Dank.

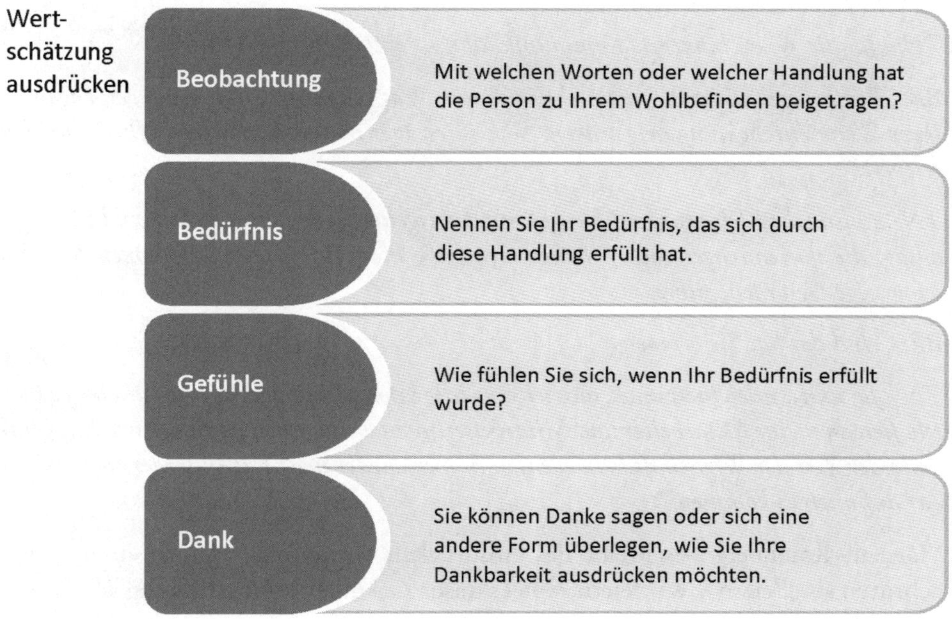

18.3 Lob in Wertschätzung übersetzen

In einer Pause während eines Führungskräftetrainings kommt eine Teilnehmerin zu mir:

TN: „Das ist ein tolles Seminar, Frau Brüggemeier."

BB: „Jetzt bin ich ganz neugierig. Ich würde gerne von Ihnen mehr darüber erfahren, was in diesem Seminar toll für Sie ist bzw. zu Ihrer Weiterentwicklung beiträgt."

TN: „Ja, die Wertschätzende Kommunikation ist einfach genial."

BB: „Einfach genial ist für mich sehr ungenau. Was genau hat in diesen zwei Tagen zu Ihrer Weiterentwicklung beigetragen? Was ist es, was in diesem Training Ihr Leben bereichert?"

TN: „Es sind die Kleingruppenübungen mit den eigenen Beispielen aus meinem Führungsalltag, die wir durchgesprochen haben. Ich habe hier Anregungen bekommen, wie ich schwierige Gespräche führe."

BB: „Und das hat Sie ermutigt?"

TN: „Ja, und es erleichtert mich, dass ich eine Idee bekommen habe, wie ich schwierige Botschaften an meine Mitarbeiter und Mitarbeiterinnen weitergeben kann. Wissen Sie, gerade in der Zeit der Wirtschaftskrise werden immer wieder neue Herausforderungen dieser Art auf mich zukommen."

Marshall Rosenberg beschreibt das Ausdrücken von Wertschätzung in den vier Schritten als „Feiern". Wir feiern, weil es unser Ziel und unsere Erfüllung ist, das Leben anderer Menschen zu bereichern. Aus der Freude heraus zu geben und zu nehmen, damit wir uns gegenseitig das Leben verschönern. Nachdem ich gehört hatte, welche Bedürfnisse und Gefühle sich bei der Teilnehmerin meines Seminars genau erfüllt hatten, konnte ich mich sehr über ihre Wertschätzung freuen und mit ihr gemeinsam diese Freude teilen. Das sind für mich beflügelnde Momente in meinem Berufsleben. Augenblicke, die ich gemeinsam mit anderen genießen kann.

Machen Sie sich frei von Urteilen und verwandeln Sie Lob in Wertschätzung. Anhand der beiden Beispiele zu Beginn des Kapitels 18 möchte ich Ihnen den Unterschied noch einmal verdeutlichen.

Beispiel 1:

„Ihre Präsentation war super." Statt zu urteilen und zu loben, überlegen Sie bei der Wertschätzung: Was genau hat Ihnen an der Präsentation gut gefallen? Was erfüllt sich genau für Sie, wenn Ihre Mitarbeiterin „super" präsentiert?

Wertschätzende Formulierung:

Chefin zum Mitarbeiter: „Wenn ich an Ihre Präsentation gestern denke und wie Sie die Produktdemonstration durchgeführt haben, habe ich das Vertrauen und die Sicherheit (Bedürfnisse) bekommen, dass wir genau so Kunden gewinnen können. Ich freue (Gefühl) mich über diesen Erfolg. Für Ihre Ideen und Ihren Einsatz danke ich Ihnen. (Dank)."

Beispiel 2:

„Eine tolle Note, da hast du eine super Leistung in der Schule erbracht." Statt zu loben, können Sie empathisch wertschätzen:

Vater zum 18-jährigen Sohn: „Du hast in Mathe 14 Punkte (Beobachtung). Da hast du dich sicher gefreut (Gefühl), weil sich dein Einsatz gelohnt hat (Bedürfnis nach Weiterentwicklung). (Antwort empathisch hören) Ich freue mich mit dir."

18.4 Übungen: Wertschätzung ausdrücken

Übung 1:

Stellen Sie sich einen Menschen vor, dem Sie gerne Ihre Wertschätzung ausdrücken möchten. Drücken Sie Ihre Wertschätzung in den vier Schritten aus.

Mit welchen Worten oder welcher Handlung hat eine Person zur Erfüllung Ihres Bedürfnisses beigetragen?	
Welches Bedürfnis hat sich bei Ihnen dadurch erfüllt?	
Wie fühlen Sie sich, wenn dieses Bedürfnis erfüllt ist?	
Wie möchten Sie Ihren Dank ausdrücken? (Durch das Wort Danke oder durch eine andere Geste?)	

Übung 2:

Stellen Sie sich einen Menschen vor, bei dem es Ihnen nicht leichtfällt, Wertschätzung auszudrücken. Sehen Sie diesen Menschen mit anderen Augen und drücken Sie ihm/ihr Ihre Wertschätzung in den vier Schritten aus.

Was haben Sie beobachtet?	
Welche Ihrer Bedürfnisse wurden durch die Handlung der Person erfüllt?	
Wie fühlen Sie sich, wenn dieses Bedürfnis erfüllt ist?	
Wie möchten Sie dieser Person Ihren Dank ausdrücken?	

Übung 3:

Erster Teil: Schreiben Sie in den vier Schritten einen aufrichtigen Dank auf, den Sie gerne gehabt hätten, aber nicht bekommen haben.

Zweiter Teil: Überlegen Sie jetzt empathisch: Welche guten Gründe (Bedürfnisse) könnten die Person davon abgehalten haben, Ihnen diese Dankbarkeit auszudrücken?

Übung 4:

Erster Teil: Überlegen Sie, ob es für Sie einen Menschen gibt, dem Sie Ihre Dankbarkeit nicht ausgedrückt haben. Wie hätte dieser Dank in vier Schritten gelautet, wenn Sie ihn ausgesprochen hätten?

Zweiter Teil: Überlegen Sie jetzt, was Sie davon abgehalten hat, Ihre Wertschätzung auszudrücken. Dazu können folgende Fragen hilfreich sein: „Was war der Grund dafür, dass Sie die Wertschätzung/Dankbarkeit nicht ausgedrückt haben?", „Welches Bedürfnis haben Sie sich erfüllt, den Dank nicht auszusprechen?" – Antwort: „Ich habe es nicht getan, weil ..."

Bei dieser Übung dachte ich wiederholt an meinen bereits verstorbenen Onkel Josef. (Selbstverständlich können Sie auch lebende Personen aussuchen.) Aus Wertschätzung und Dankbarkeit möchte ich ihm die nächsten Textstellen widmen. Vielleicht inspiriert Sie dieses Bespiel, sich auf die Übung einzulassen.

BB in Gedanken an Onkel Josef: „Du bist mit mir als Kind im Alter von drei bis sechs Jahren jeden Morgen spazieren gegangen. Wir haben gemeinsam Steine gesucht und aufgeschlagen, um Fossilien zu finden. Wir haben Blumen gepflückt und Vögel beobachtet. Es hat mir so viel Liebe, Verbindung zu dir und zur Natur gegeben. Ich konnte Geborgenheit spüren. Diese Erfahrungen mit dir haben mich sehr glücklich gemacht und der Gedanke an diese Zeit gibt mir heute noch Lebenskraft und den großen Wunsch, diese Schönheit auch meinen Kindern weiterzugeben und ihnen das Leben auf diese Weise zu bereichern. Danke – Onkel Josef."

Ich habe meinem Onkel nie gesagt, wie dankbar ich ihm bin, weil es mir erst bewusst wurde, als ich eigene Kinder hatte und als ich in Achtsamkeit für Wertschätzung und Dankbarkeit durch Marshall Rosenberg geschult wurde.

Arbeiten Sie daran, dem Leben dankbar zu sein. Denn Wertschätzung anderen gegenüber hat ihre Wurzel in der Wertschätzung für das eigene Leben. Nehmen Sie sich Zeit und Raum dafür. Dann kann Wertschätzung ganz von selbst zur Wertschöpfung werden.

18.5 Passt Wertschätzung in die Geschäftswelt von heute?

Wann haben Sie das letzte Mal einen Kollegen oder eine Mitarbeiterin wertgeschätzt – auch für die scheinbaren „Kleinigkeiten“? In der Schnelllebigkeit des Berufsalltags und im herkömmlichen Arbeitsfluss bleibt meist keine Zeit dafür, überhaupt noch wahrzunehmen, wann Ihnen ein Mensch das Leben verschönert.

Denken Sie darüber nach, sowohl in Ihrem Berufsleben als auch in Ihrem Privatleben, wann in letzter Zeit die Wertschätzung auf der Strecke geblieben ist. Fällt Ihnen eine Situation ein? Dann empfehle ich Ihnen: Nehmen Sie sich jetzt Zeit dafür, bis Sie Wertschätzung für sich selbst und für andere ganz selbstverständlich in Ihren Alltag integriert haben.

Nehmen Sie sich in der nächsten Teamsitzung die Zeit für Wertschätzung. Wie oft wird über das geredet, was nicht gut läuft? Und wie selten wird über das gesprochen, was gelungen ist? Aus meiner Erfahrung liegt der Fokus viel zu sehr auf den Situationen oder Handlungen, die nicht zur Zufriedenheit gelaufen sind.

Bei Führungskräften wird fachliche Kompetenz vorausgesetzt. Aber es ist nicht nur das fachliche Wissen, das eine gute Führungskraft ausmacht, sondern es sind auch die Kompetenzen auf der Gefühls- und Beziehungsebene. Wenn es Ihnen gelingt, ein Miteinander zu kreieren, in dem Menschen sich wohlfühlen und mit Freude arbeiten, werden Sie die Chance haben, dass das gesamte Potenzial in das Unternehmen einfließt. Wertschätzung ist nicht messbar, Wertschätzung ist spürbar!

In Teamworkshops berühren mich die Momente am meisten, in denen die gegenseitige Wertschätzung ausgedrückt wird. Das sind Momente der Entschleunigung, der Verbindung und des Vertrauens. Es sind solche Momente, die mich inspiriert haben, dieses Buch zu schreiben. Dann spüre ich die Kraftquellen, die uns zugänglich sind. Dann erlebe ich die Freude und erfahre, wann Menschen bereit sind, ihr ganzes Potenzial einzusetzen. Dann wird Wertschöpfung durch Wertschätzung konkret. Es ist ein kostbares Geschenk für mich, in Momenten der Wertschätzung anwesend zu sein.

In einem Unternehmen bat ich die Teilnehmenden, ihre Namen auf Karten zu schreiben. Dann wurden die Karten gemischt und jeder zog eine Karte. Die Teilnehmer drückten ihre Wertschätzung dann der Person aus, die sie gezogen hatten.

Beispiel 1 – *TN zum Vorgesetzten: „Wenn ich an meinen ersten Tag in dieser Firma denke, dann erinnere ich mich daran, dass Sie mich gefragt haben, ob ich mit Ihnen essen gehe. Ich habe mich gefreut, weil es mir Sicherheit in meinen ersten Kontakten gegeben hat. Dafür bin ich Ihnen heute noch dankbar.“*

In diesem Fall erinnerte sich der Kollege, dem die Wertschätzung galt, gar nicht mehr an die entsprechende Situation. Als er jedoch davon hörte, erschien ein strahlendes Lächeln in seinem Gesicht. Er hatte nicht geahnt, dass er einen wichtigen Beitrag zur Bereicherung seines damals neuen Kollegen geleistet hatte. Schade eigentlich, denn die Freude liegt auf beiden Seiten, wenn Wertschätzung zum Ausdruck kommt. Denn es liegt in der Natur des Menschen, sich mit anderen mitzufreuen. Wenn Sie Ihre aufrichtige Wertschätzung ausdrücken, dann können andere Ihre Anerkennung ohne Selbstüberschätzung annehmen und gemeinsam mit Ihnen Freude teilen.

Beispiel 2 – *Mitarbeiter zu seinem Chef: „Wir arbeiten seit 20 Jahren zusammen. Wenn es Probleme gab, konnte ich immer zu Ihnen kommen. Ich wurde in meinen Anliegen gehört und habe Vertrauen erlebt. Dafür danke."*

Wann hört das eine Führungskraft von einem Mitarbeiter? Das sind doch die Sätze, die in Erinnerung bleiben. Lob werden Sie vergessen. Wertschätzung nicht. Es ist enorm bereichernd, aus diesen Kraftquellen der Mitmenschlichkeit zu schöpfen. Tun Sie etwas dafür. Schaffen Sie eine Kultur von Wertschätzung. Fangen Sie gleich heute damit an und nehmen Sie den Unterschied zwischen Lob und Wertschätzung immer wieder wahr – bei sich und auch bei anderen.

Beispiel 3 – Ich erinnere mich an die Mitarbeiterin eines Großkonzerns, die in einem Rollenspiel trainierte, ihre Dankbarkeit gegenüber ihrer Chefin auszudrücken:

„Wenn ich morgens Tag für Tag hier in die Firma komme, freue ich mich, weil ich die Zusammenarbeit hier sehr schätze. Ich komme jeden Tag gerne zur Arbeit, weil ich keine Angst vor Fehlern haben muss. Wir arbeiten miteinander und nicht gegeneinander. Dafür bin ich dankbar."

Beim Follow-up sagte sie mir, sie habe diese Wertschätzung ihrer Chefin gegenüber ausgedrückt und ihr aus Freude Blumen geschenkt. Die Chefin sei sehr berührt gewesen.

Wertschätzung ist ein Geschenk, das Sie geben und nehmen können. Halten Sie einen Moment inne und entdecken Sie die Schönheit im Berufs- und Privatleben. Sie verbringen mit den Menschen in Ihrem Berufsleben wahrscheinlich mehr Zeit als mit Ihrem Partner bzw. Ihrer Partnerin.

Versuchen Sie, die Schönheit in den Menschen zu sehen. Auch wenn diese Schönheit manchmal schwer zu finden ist ... Kommen wir nun zurück auf die Frage, ob Wertschätzung in eine Welt, in der es fast ausschließlich um Umsatz und Effizienz geht, passt. Meine Antwort lautet: Ja! Die Beispiele zeigen es. Die erreichten Ziele eines jeden Mitarbeiters zählen auf dem Konto der Unternehmensziele. Durch Wertschätzung erfahren Mitarbeitende, welchen Beitrag sie zum Gesamtergebnis geleistet haben. Dadurch entsteht eine häufig unterschätzte Kraft, die ich als Macht mit Menschen bezeichne – ein gemeinsames Wollen, die Lust und Freude, gemeinsam Erfolge zu erreichen und diese wertzuschätzen.

18.6 Die Kunst, Wertschätzung zu empfangen

Es ist ungewohnt für uns, unsere Wertschätzung auszudrücken. Umgekehrt wird Wertschätzung aber auch nicht immer liebenswürdig empfangen. Dafür kann es viele Gründe geben. Es kann damit zusammenhängen, dass Menschen sich unsicher sind, ob sie die Wertschätzung verdient haben. Es kann auch daran liegen, dass Menschen gelernt haben, sich lieber zu unter- als zu überschätzen. Häufig sagen Mitarbeitende, denen Wertschätzung entgegengebracht wurde: „Nichts zu danken, das ist doch selbstverständlich." Oder: „Ach, das war doch gar nicht so schwer. Das kann doch jeder." Machen Sie sich nach einem Dank nicht durch falsche Bescheidenheit klein!

Ein weiterer Grund ist die Sorge – und vielfach auch die Erfahrung –, dass Wertschätzung, die von Autoritäten (z.B. von Vorgesetzten) kommt, als Manipulation genutzt wird.

Wertschätzung zu empfangen ist eine Kunst – Marianne Williamson formuliert es so: „Es ist unser Licht, das wir fürchten, nicht unsere Dunkelheit. Wenn du dich klein machst, hat die Welt nichts von dir."

Hören Sie wirklich zu, wenn Sie Wertschätzung bekommen. Nehmen Sie die Schönheit wahr. Erleben Sie, welchen Beitrag Sie zur Lebensverschönerung anderer Menschen und zum Wachstum der Firma leisten können und nehmen Sie den Dank an.

18.7 Dankbarkeit in der Familie

Auch im Familienleben sind Dankbarkeit und der Wunsch nach Anerkennung vorhanden. Überlegen Sie: Wann haben Sie sich bei Ihrem Kind (Ihrer Partnerin/Ihrem Partner) zum letzten Mal dafür bedankt, dass es das getan hat, worum Sie gebeten haben? Sie denken vielleicht: „Dafür muss ich mich doch als Mutter oder Vater (Partner) nicht bedanken. Die Kinder (Partner) müssen doch auch ihren Beitrag leisten!"

Dieses Denken demonstriert trennende Kommunikation.

In der Vergangenheit ist es auch mir häufig passiert, dass ich das in den Vordergrund gerückt habe, was nicht gemacht wurde und was nicht in Ordnung war. Heute sehe ich die „Kleinigkeiten" viel deutlicher, über die ich mich freue und für die ich dankbar sein kann. Meine Dankbarkeit bringe ich zum Ausdruck. Das hat viel zur Qualität unseres gemeinsamen Lebens beigetragen.

Damit möchte ich nicht ausdrücken, dass mir Entlastung und Unterstützung nicht wichtig sind. Statt jedoch alles als selbstverständlich zu nehmen oder ein Lob auszudrücken: „Du hast gut gekocht", sage ich heute: „Wenn ich den Tisch mit der Dekoration sehe, das fertige Essen auf dem Tisch, freue ich mich, weil ich jetzt entspannen und den Abend mit euch genießen kann. Danke."

Heute ist die Wertschätzende Kommunikation in unserer Familie in einen natürlichen Sprachfluss übergegangen. Ich bin froh darüber, dass ich erkennen kann, dass mein Partner und meine Kinder nicht auf der Welt sind, um mir das Leben zu verschönern. Doch wenn sie es tun, bin ich ihnen dankbar dafür. Umgekehrt gilt es genauso: Meine Kinder sehen es nicht mehr als selbstverständlich an, dass ich all ihre Bedürfnisse erfülle, sondern sie sind dankbar, wenn ich zu ihrer Lebensverschönerung einen Beitrag leiste – freiwillig, und nicht, weil ich mir einrede, ich müsste eine perfekte Mutter sein.

18.8 Warten Sie nicht auf Wertschätzung, kümmern Sie sich darum

In der Wertschätzenden Kommunikation sind Sie mit sich verbunden und kennen Ihre Bedürfnisse. Wenn Sie einen Wunsch nach Feedback haben, dann können Sie dafür sorgen, dass Sie dieses auch bekommen. Sorgen Sie für die Wertschätzung und Anerkennung, die Ihnen Klarheit und Aufschluss darüber geben, wie Ihre Arbeit zum gemeinsamen Erfolg beigetragen hat. Und fragen Sie nach, wo die andere Person bei Ihnen Entwicklungsmöglichkeiten sieht.

Assistentin zum Vorstand: „Ich habe unseren Kongress vorbereitet und organisiert. Jetzt ist der Kongress vorbei und ich würde mich freuen, wenn Sie mir eine Rückmeldung (Bedürfnis nach Klarheit) geben, was nach Ihrer Meinung zum Erfolg beigetragen hat und wo Sie Entwicklungschancen für den nächsten Kongress sehen."

Wenn Sie ein Lob hören, übersetzen Sie es in Wertschätzung. Beenden Sie das Spiel der Beurteilungen und Verurteilungen.

Chef zur Assistentin: „Super Leistung, die Vorbereitung für unseren Kongress ist Ihnen wieder einmal gelungen."

Die Assistentin übersetzt: „Wenn Sie daran denken, dass ich die Einladung geschrieben habe, die Telefonaktion durchgeführt habe und ca. 400 Kunden anwesend waren, freuen Sie sich über den Erfolg. Ist es das, was Sie mir sagen möchten?"

Chef: „Ja, und ich schätze an Ihnen Ihre Gelassenheit und Ruhe, wenn es hier schnell gehen muss. Mir gibt es einfach große Sicherheit, Sie im Team zu haben, da ich mich auf Sie verlassen kann und großes Vertrauen in Ihre Arbeit habe."

Was in diesen Dialogen passiert, ist häufig unglaublich: Sobald Sie eine Übersetzung von einem Lob in eine Wertschätzung machen, reagiert die andere Person mit Wertschätzung. Ich höre das immer wieder und ich vermute, es liegt daran, dass, sobald wir unserem Gesprächspartner eine Richtung von Gefühlen und Bedürfnissen anbieten, wir ihm damit die Möglichkeit geben, sich mit den eigenen erfüllten Bedürfnissen zu verbinden.

18.9 Selbstwertschätzung als Kraftquelle nutzen

Wofür sind Sie sich selbst dankbar? Nehmen Sie sich die Zeit nachzuspüren, was Ihnen heute gelungen ist – vielleicht in einem Projekt oder in einem Gespräch. – Entscheiden Sie sich bewusst dafür, solche Handlungen wahrzunehmen, die zu Ihrer Zufriedenheit und Ihrem Wohlbefinden beitragen. Vielleicht helfen Ihnen dabei folgende Fragen:

- „Was habe ich heute getan, erledigt, ausgesprochen, gelernt, ausprobiert usw.?"
- „Hatte ich Ideen und Einfälle, für die ich mich wertschätze?"
- „Wem habe ich heute eine Freude gemacht?"
- „Hat mich der heutige Tag meinen Zielen näher gebracht? Wofür bin ich mir dankbar?"
- „Was ist das Schönste, was ich heute für mich tun kann?"

18.9.1 Übung: Selbstwertschätzung

Beobachtung Mit welcher Haltung haben Sie heute zu Ihrem eigenen Wohlbefinden, zu Ihrem Erfolg oder zu Ihrer Lebensverschönerung beigetragen?	
Bedürfnis Was hat sich dadurch erfüllt?	
Gefühl Wie fühlen Sie sich, wenn Sie wahrnehmen, dass sich Ihre Bedürfnisse erfüllt haben?	
Dank Wie möchten Sie Ihre Wertschätzung sich selbst gegenüber zum Ausdruck bringen?	

Ich wünsche Ihnen, dass Sie jeden Tag erneut Ihren „Wert" wahrnehmen und schätzen lernen. Dass Sie Ihrem Weg aufrichtig folgen können und mit Menschen ein privates und berufliches Leben teilen, das von Vertrauen, Aufrichtigkeit, Respekt und Wertschätzung geprägt ist.

19. Interviews

19.1 Interview mit Dr. Alexander Rehm, Geschäftsführer, Fresenius Kabi Deutschland GmbH in Bad Homburg v. d. H.

Beate Brüggemeier: *„In welchem Zusammenhang haben Sie die Wertschätzende Kommunikation (WK) kennengelernt?"*

Dr. Alexander Rehm: „Zunächst durch meine Assistentin, die bei Ihnen im Rahmen einer Fortbildung mit der Wertschätzenden Kommunikation in Kontakt kam. Sie war so enthusiastisch, dass ich mich habe anstecken lassen. Dann hatte ich das Gespräch mit Ihnen und da ist der Groschen direkt gefallen."

„Was hat Sie daran besonders interessiert?"

„Ich habe in dem Gespräch mit Ihnen direkt das Schlüsselerlebnis gehabt, dass man in der beruflichen Kommunikation täglich Fehler macht, und zwar aufgrund der eigenen Bewertungen. Mir war nicht bewusst, wie sehr man sich über die Jahre hinweg ein eigenes Bewertungssystem antrainiert hat, das wie ein Automatismus festgelegt ist. Da kommt man nicht so einfach heraus. Und weil man nicht gelernt hat, die Bedürfnisse des anderen zu sehen, geht man von seinen eigenen Kriterien aus und stellt sie im Grunde nie in Frage. Ich bin sicher, dass die Schwierigkeiten, die sich in der Kommunikation ergeben, nur bei einem selbst liegen, es liegt nie am anderen. Es gibt Dinge, die kann man intellektuell erfassen und für sich wandeln.

Die Wertschätzende Kommunikation ist ja auch einfach und vollkommen logisch. Doch unsere Art und Weise zu kommunizieren, findet viel zu unbewusst statt. So muss ich mir immer wieder bewusst machen: Bin ich im Stress oder unter Druck – dann greifen die alten Muster. Dies ist nicht zielführend."

„Können Sie das an einem Beispiel erklären?"

„Schon im ersten Satz eines Gesprächs kann eine Mauer hochgehen, wenn ich zum Beispiel einem Mitarbeiter sage: ‚Sie sind schon wieder zu spät.' Dieses ‚schon wieder' lässt beim Gesprächspartner die Klappen fallen, weil er denkt: ‚Aha, der hat eine vorgefasste Meinung.' Am Anfang war es schwierig, meine eigenen Vorurteile und Vorbewertungen zu durchschauen. Aber ich konnte ja auch sehen, wie Offenheit verloren geht, wie Chancen verloren gehen, wenn die Kommunikation blockiert ist ... und ich weiß, wie viel Zeit das gekostet hat!"

„Was war für Sie die größte Herausforderung bei der Anwendung der WK?"

„Die größte Herausforderung bei der Anwendung der Wertschätzenden Kommunikation war und bleibt für mich der erste Schritt: Die Beobachtung von der Bewertung zu trennen und zu sehen: Was ich beobachte ist etwas anderes als das, was ich denke oder fühle. Dieser Schritt braucht kontinuierliche Übung, braucht Schulung. Und das geht meiner Erfahrung nach nur über einen Hinweis von einem Trainer. Und es braucht den Willen und die innere Bereitschaft, etwas zu verändern."

„Aber muss nicht gerade ein Manager Situationen bewerten können?"

„Ja, natürlich. Eine der wichtigsten Fähigkeiten in Management-Kreisen ist die, schnell Situationen einzuschätzen, zu bewerten und dann aufgrund von Fakten Entscheidungen zu treffen. Als verantwortlicher Manager muss ich viele Entscheidungen treffen, das ist ganz klar. Auf der anderen Seite ist es in der Kommunikation nicht unbedingt zielführend, sofort eine Bewertung zu treffen, und es kann sogar behindernd sein, zu schnell zu analysieren und von reinen Fakten auszugehen. Ich fühle mich da also in einem Spannungsfeld: Wenn die Beziehungsebene stimmt, wenn mein Gegenüber mir vertraut und umgekehrt, dann kann ich kurz und knapp und direkt kommunizieren, und ich werde verstanden. Wo das Vertrauen fehlt, da geht es in die Verteidigung, ins Warten, da zieht man einander die Würmer aus der Nase, da dauert es endlos, bis man auf den Punkt kommt – wenn überhaupt."

„Bleibt im Berufsalltag denn überhaupt Zeit, die Wertschätzende Kommunikation auch tatsächlich umzusetzen?"

„Ich erlebe es als sehr effektiv, mich intensiv mit Hilfe der Wertschätzenden Kommunikation auf ‚schwierige' Gespräche vorzubereiten, und mir auch mehr Zeit dafür zu nehmen. Der Zeitaufwand lohnt sich immer. Konkret heißt das: Ich mache mir die unterschiedlichen Zielsetzungen und Bedürfnisse bewusst. Ich mache mir klare Gedanken darüber, was ich in dem Gespräch erreichen möchte. Ich bin bereit, dem anderen zuzuhören. So hat sich über die Jahre viel bewegt. In mehreren Fällen haben sich die Offenheit und Gesprächsintensität zu Mitarbeitern deutlich verbessert, und zugleich habe ich Zeit gespart, die mir früher in Konflikten verloren ging."

„Was hat sich in Ihrem Berufsalltag verändert, seitdem Sie die Wertschätzende Kommunikation anwenden?"

„Heute sind Mitarbeiter sehr viel schneller bereit, mir offen zu sagen, was sie bedrückt, weil sie festgestellt haben, dass ich wirklich daran interessiert bin und dass ich sie nicht gleich verurteile. Selbst kritische Gespräche sind auf diese Weise einfacher geworden. Es geht gar nicht darum, die Bedürfnisse, mit denen ein Mitarbeiter kommt, immer hundertprozentig zu erfüllen. Es geht darum, dass Mitarbeiter mit ihren Anliegen gehört werden, dass ein Verständnis dafür vorhanden ist. Es ist etwas völlig anderes, wenn ein Mitarbeiter aus einem Gespräch herausgeht und sagt: ‚Schade, er weiß, was ich will, aber er kann es mir nicht bieten', als wenn er mit dem Gefühl herausgeht: ‚Der hat mir gar nicht zugehört, der hat mich nicht verstanden, der hat doch keine Ahnung, worum es mir geht.'"

„Und was hat sich an Ihrer inneren Haltung oder an Ihrer Kommunikationsweise verändert?"

„Es haben sich durch die Wertschätzende Kommunikation Vertrauensverhältnisse aufgebaut, wo früher kein Vertrauen war. So gehe ich heute selbst aus ‚kritischen Gesprächen' durchaus mit einem positiven Gefühl heraus, und ich glaube, für mein Gegenüber ist es häufig ebenso."

„Worin sehen Sie das besondere Potenzial der WK? Welchen konkreten Nutzen bringt Ihnen die WK?"

„Vor allem in Krisensituationen zeigt sich, wie wertvoll dieses Werkzeug ist – denn es passiert ja, dass man in einer Krisensituation nervlich bedingt aneinandergerät. Da rutschen jedem einmal Dinge heraus, Bewertungen etwa oder Unzufriedenheit – das ist menschlich. Mit der Wertschätzenden Kommunikation erinnert man sich wieder daran, dass es auch anders geht, weil die Wertschätzende Kommunikation eine positive Sprachform ist. So können Hindernisse relativ schnell wieder aus dem Weg geräumt werden. Auch wird Kommunikation nicht mehr vermieden – was ja häufig zu Missstimmungen in Unternehmen führt, sondern Dinge können offen angesprochen werden. Wenn mir etwas auf dem Herzen liegt, dann warte ich heute nicht mehr bis der andere auf mich zukommt, sondern ich gehe hin und spreche das Thema an. Da wir die Wertschätzende Kommunikation auch im Team eingeführt haben, sind auf diese Weise viele Situationen einfacher geworden. Wenn der Mitarbeiter den gleichen Prozess mitmacht, dann kommt man gemeinsam viel schneller auf den Punkt, und wir unterstützen uns inzwischen gegenseitig darin, auf den Punkt zu kommen und nicht oberflächlich zu bleiben. Insgesamt ist im Team die Beziehungsebene viel offener, vertrauensvoller und wir finden stärker zusammen.

Ich sehe Menschen heute anders. Ich gehe auch anders mit Fehlern um, die passieren. Es war entscheidend für mich, im Handeln des anderen nicht etwas Zerstörerisches zu vermuten, nicht von vornherein etwas Negatives zu unterstellen. Ich kann jetzt die positiven Beweggründe anderer sehen und meine Erfahrung ist, dass niemand etwas zerstören möchte, auch wenn das Resultat vielleicht nicht das Gewünschte ist. Als ich begriffen habe, dass ich keine Ignoranten um mich herum habe, weil es gar keine Ignoranten gibt, und dass ich keine Unbelehrbaren um mich habe – über die man sich ja am meisten ärgert –, weil es auch keine Unbelehrbaren gibt, da fiel eine Menge Spannung von mir ab und das Leben wurde insgesamt leichter, fröhlicher. Und das kann ich in jeder Lebenssituation anwenden.

Ich bin meiner Einschätzung nach weit davon entfernt, die Wertschätzende Kommunikation wirklich verinnerlicht zu haben. Dennoch bin ich sicher, dass ich schon viele Chancen wahrnehmen konnte, die ich früher gar nicht hätte sehen können. Das schenkt mehr Ausgeglichenheit im Alltag."

„Was trägt entscheidend zu einer Wertschätzenden Kommunikation im Business bei, welche Ressourcen müssen vorhanden sein?"

„Die einzige Ressource die es wirklich braucht, ist das Üben. Das Verständnis ist innerhalb von wenigen Sekunden da und auch die Haltung kommt mit der Zeit von allein. Wille und innere Bereitschaft setze ich voraus. Wichtig ist aber, dass man die Technik übt und dass man jemanden hat, der einem die Wertschätzende Kommunikation vermittelt, der einem bestimmte Dinge bewusst macht. Da braucht man Hilfestellung."

„Welche Werte sind Ihnen als Führungskraft in der Wirtschaft wichtig und wie können Sie diese Werte umsetzen?"

„Es gibt in der Wirtschaft Grundwerte wie Fairness oder Transparenz. Im Prinzip stehe ich auch dazu. Das Problem ist, dass es nicht immer möglich ist, allen gegenüber fair zu sein. Es ist auch nicht immer möglich, alles transparent zu machen – und Mitarbeiter wissen das auch. Was ich jedoch für mich persönlich als Grundwert darstellen und vorleben kann, das ist Berechenbarkeit. Wenn ich Mitarbeitern das Gefühl geben kann, dass ich Dingen auf den Grund gehen möchte, dass ich keine vorschnellen Urteile fällen möchte, dass ich ihre Bedürfnisse kennen möchte und dass ich in einem Gespräch Perspektiven eröffnen möchte – und wenn sie sich darauf verlassen können –, dann ist das Berechenbarkeit in einem guten Sinne. Eine solche Berechenbarkeit führt zu Vertrauen, und diesen Wert verbinde ich sehr stark mit einem guten Geschäftsleben. Wenn ich bestimmte Prinzipien authentisch lebe, dann können auch andere sich daran halten. Wenn Berechenbarkeit und Wertschätzende Kommunikation zusammenkommen, dann haben wir wesentliche Faktoren für eine gute Führungskraft. Das kann ich zeigen, das kann ich vorleben und es hat eine positive Auswirkung auf andere."

19.2 Interview mit Michael Kolbenschlag, Partner und Mitglied des Vorstands der Rödl Consulting AG, Unternehmensberatung in Nürnberg

Beate Brüggemeier: *„Wie haben Sie die Wertschätzende Kommunikation kennengelernt?"*

Michael Kolbenschlag: „Im Rahmen eines Vortrags zum Thema Kindererziehung, also im privaten Umfeld."

„Was hat Sie daran besonders interessiert?"

„Zum einen haben mich die Themen Empathie und Emotion interessiert, zum anderen gefällt mir die Einfachheit der Methode und die praktikable Anwendbarkeit auch im Geschäftsleben – als grundlegendes Hilfsmittel für die Weiterentwicklung im Selbstmanagement, der Führung und der Akquisition."

„Was hat sich in Ihrem Berufsalltag verändert, seitdem Sie die WK anwenden?"

„Ich richte meinen Fokus jetzt stärker auf den Menschen und die Gefühle und nicht mehr nur auf Systeme, Strategien, Methoden und Techniken."

„Worin sehen Sie das besondere Potenzial der WK? Welchen konkreten Nutzen bringt sie Ihnen für Ihr berufliches wie auch privates Leben?"

„Ich nehme mir jetzt mehr Zeit und habe mehr Bewusstsein für Gefühle, für meine und die von anderen. Das führt zu mehr Achtsamkeit. Ich denke, das ist ganz wichtig im Umgang mit Kunden und Mitarbeitern."

„Heute muss alles schnell gehen. Hat man im Business denn überhaupt Zeit, sich mit Gefühlen zu befassen?"

„Wenn man es mal trocken sieht, ist die WK ein Werkzeug, um Kundenbeziehungen und Mitarbeiterbeziehungen effizienter und erfolgreicher zu pflegen. Es geht doch im Business immer um Beziehungen. Kundenbeziehungen sind enorm wichtig, gerade in meinem Beruf, in der Beratungsbranche. Gleiches gilt aber auch für die Mitarbeiterebene. Je qualifizierter und selbstbewusster die Mitarbeiter sind, desto mehr ist man gefordert. Die Führung von hoch entwickelten und hoch qualifizierten Mitarbeitern ist eine sehr anspruchsvolle Aufgabe. Das setzt sehr viel Beziehungsarbeit bzw. Gefühlsarbeit voraus. Letztlich komme ich zu besseren Ergebnissen, wenn ich mir die Zeit nehme, um auf die Gefühle und Befindlichkeiten der anderen einzugehen, gerade in schwierigen oder zeitkritischen Situationen. Denn wenn auf der Gefühlsebene alles stimmt, führt das letztendlich auch auf der Sachebene zu mehr Effizienz."

„Können Sie das noch etwas genauer erklären? Warum ist das so?"

„Der Fokus verändert sich. Früher haben wir uns einseitig auf die Sachebene konzentriert. Wir haben häufig aneinander vorbeigeredet und konnten uns nicht oder nur schwer annähern. Durch das Einbeziehen der Bedürfnisse in die Gespräche kommen wir zu anderen Gesprächsverläufen und zu tragfähigen Lösungen."

„Können Sie hierfür ein Beispiel nennen?"

„Ich habe letztens ein Gespräch mit einem jungen Kollegen geführt, der seit Jahren einen Konflikt mit einem Senior-Kollegen hat. Die Kollegen könnten erfolgreich zusammenarbeiten und es klappt irgendwie nicht. In einem Gespräch habe ich den Fokus von den Fach- und Verantwortungsthemen einfach mal auf die Bedürfnisebene gebracht. Wir konnten die Bedürfnisse beider Kollegen ansprechen und haben gesehen, dass sie sich auf dieser Ebene gut ergänzen können. Diese Einsicht hat es uns erleichtert bei den Sach-/Verantwortungsfragen aufeinander zuzugehen. Wir hätten uns weiter stundenlang auf der Sachebene abstrampeln können und wären zu keinem Ergebnis gekommen. Wir haben jetzt einen Weg gefunden, von dem beide profitieren und wo keiner das Gesicht verliert. Das war vorher nicht möglich. Gerade Konflikte lassen sich auf der Bedürfnisebene leichter klären."

„Was trägt entscheidend zu einer Wertschätzenden Kommunikation im Business bei?"

„Es bedarf der Zeit zum Üben. Es ist für mich sicherlich ein Privileg, dass ich durch die berufliche Zusammenarbeit mit Ihnen das Thema immer wieder kennenlerne und so immer wieder daran erinnert werde. Letztendlich geht es bei der Wertschätzenden Kommunikation darum, seine Einstellung, sein Denken und sein Verhalten zu ändern. Das geht nicht mit einem einmaligen Seminar. Das muss kontinuierlich trainiert werden."

„Die WK ist für Sie somit mehr als ein Kommunikationsmodell?"

„Ja, genau. Sie ist eine Denkhaltung und führt zu einer Verhaltensänderung von innen heraus."

„Was hat sich denn an Ihrer inneren Haltung oder an Ihrer Kommunikationsweise verändert, seitdem Sie die WK anwenden?"

„Es ist wie gesagt die Bereitschaft, sich besser auf andere und vor allem auch auf gefühlsbetonte Menschen einzustellen. Ich habe bereits durch andere Trainings erfahren (DISG-Modell), dass es unterschiedliche Menschen mit unterschiedlichen Persönlichkeitsprofilen gibt. Jeder hat unterschiedliche Schwerpunkte, einerseits sachbetonte, andererseits gefühlsbetonte. Doch die Frage ist, was mache ich mit dieser Erkenntnis. Die WK ist für jemanden wie mich, der eher sachbetont ist, ein sehr gutes Hilfsmittel, um auch mit starken Gefühlen von Mitarbeitern oder Kunden umgehen zu können. Vorher war es oft so, dass ich nicht auf die Bedürfnisse eingegangen bin und in der Sachebene weitergemacht habe. Doch das läuft dann an dem Gesprächspartner vorbei und das Resultat ist für beide Beteiligten unbefriedigend. Ich kann mich jetzt besser darauf einlassen. Und ich bin auch nicht mehr so ungeduldig. Wenn jemand gefühlsbetonter ist, sehe ich das nicht mit einem wertenden Urteil. Ich habe durch die WK ein einfaches Instrument an die Hand bekommen, das im Alltag anwendbar ist."

„Gab es für Sie ein Schlüsselerlebnis im Zusammenhang mit der WK?"

„Da fallen mir gleich zwei ein. Das eine ist die Wirkung der WK, auch bei meinen Kindern. Es funktioniert wirklich! Aber auch im Beruflichen. Zum Beispiel bei festgefahrenen Gesprächen. Ich nenne Ihnen ein konkretes Beispiel – es ging um folgende Situation: Unsere Kollegen aus der hausinternen IT haben eine Niederlassung zum Umbau der IT beraten. Der Niederlassungsleiter hat die Empfehlungen jedoch nicht befolgt und hatte dann massive Probleme mit seinem IT-Netzwerk – als unsere interne IT-Hotline dann die Service Level nicht eingehalten hat, ist die Situation auf Ebene der Geschäftsleitung eskaliert. Nun war es so, dass sich beide Parteien auf der Sachebene bekriegt haben. Letztlich ging es jedoch darum, dass der Niederlassungsleiter Anerkennung als interner Kunde haben wollte. Hier ging es nicht um Sachfragen auf Bit- und Byte-Ebene, sondern um Anerkennung und Wertschätzung. Als ich das in die Gesprächsrunde eingebracht habe, herrschte betretenes Schweigen, weil alle gemerkt haben, dass es stimmte. Wir hätten stundenlang weiter diskutieren können, wer die Schuld hat und warum, aber so kommt man nicht weiter."

„Auf welche Schwierigkeiten bzw. Herausforderungen sind Sie in der Anwendung der WK gestoßen?"

„Es erfordert ziemlich viel Mut, sich darauf einzulassen und die Gefühle und Bedürfnisse anzusprechen. In Trainings, aber auch in Situationen. Es ist ja nicht so, dass man im geschäftlichen Alltag nicht über Gefühle spricht. Aber das findet dann doch eher informell, z.B. in den Pausen, statt. Wenn man aber in einem geschäftlichen Meeting ist, dann ist das eher unüblich."

„Kostet es Mut, weil es neu ist, Gefühle anzusprechen?"

„Ja, vor allem, wenn es darum geht, sich auch auf seine eigenen Gefühle einzulassen und sich zu öffnen. Wenn man keine Erfahrung damit hat, dann ist das gar nicht so einfach und man ist auch ein Stück weit verunsichert, weil man zu so etwas bislang keinen Zugang hatte."

„Welche Werte sind Ihnen als Führungskraft wichtig und wie können Sie diese Werte umsetzen?"

„Offenheit, Ehrlichkeit, Transparenz und Menschlichkeit führen zu Vertrauen. Vertrauen erreichen wir, wenn diese Werte gelebt werden. Einer der vier zentralen Werte unseres Unternehmens ist die „Menschlichkeit" – mit der Wertschätzenden Kommunikation können wir diesen Wert konkret leben.

„Wie kann Menschlichkeit Ihrer Meinung nach in einem Unternehmen gelebt werden?"

„Wenn ich von einer Organisation, im Sinne einer Einheit oder Struktur, ausgehe, kann die nicht menschlich sein. Es ist der Einzelne, der die Menschlichkeit lebt ... und die Summe aller, die diesen Wert leben, macht dann die Organisation menschlich."

19.3 Interview mit Bürgermeisterin Gisela Stang, Stadt Hofheim am Taunus

Beate Brüggemeier: *„In welchem Zusammenhang haben Sie die Wertschätzende Kommunikation (WK) kennengelernt?"*

Gisela Stang: „Im Rahmen einer Fortbildung Rhetorik."

„Was hat Sie daran besonders interessiert?"

„Dass man mit wenig Einsatz kommunikativ viel erreichen kann."

„Was hat sich in Ihrem Berufsalltag verändert, seitdem Sie die WK anwenden?"

„Ich mache es mir in vielen Situationen nicht mehr so schwer, dadurch erleichtere ich mir meine Arbeit."

„Was ist das besondere Potenzial der WK? Welchen konkreten Nutzen bringt Ihnen die WK für Ihr berufliches wie auch privates Leben?"

„In vielen kritischen Situationen kann ich de-eskalieren, vermitteln oder auch meinen Standpunkt deutlich machen und Grenzen aufzeigen, ohne den anderen zu diskreditieren."

„Welche Erfahrungen haben Sie mit der WK in Ihrem beruflichen Alltag gemacht?"

„Nur gute Erfahrungen. Es ist überraschend einfach und enorm effektiv. In kritischen Gesprächssituationen fühlt man sich sicherer, weil man weiß, wie man reagieren kann. Man hat die Zuhörer auf seiner Seite, weil man nicht einfach ‚angreift' oder ‚polemisiert.'"

„Was trägt Ihrer Meinung nach entscheidend zu einer Wertschätzenden Kommunikation im Business bei?"

„Man muss sie ganz aufnehmen und authentisch leben."

„Was hat sich an Ihrer inneren Haltung oder an Ihrer Kommunikationsweise verändert, seitdem Sie die WK in Ihrer täglichen Kommunikation anwenden?“

„Ich bin mir der kommunikativen Möglichkeiten sehr bewusst und habe eine größere Sensibilität dafür entwickelt, wie und wo man Menschen mit Killerphrasen verletzen kann. Und ich bin viel sicherer geworden.“

„Gab es für Sie ein Schlüsselerlebnis im Zusammenhang mit der WK?“

„Ja – bei einer Podiumsdiskussion zu einer Direktwahl. Ich bin mir und der WK treu geblieben und bin allen verbalen Attacken ganz in diesem Sinne begegnet. Mein Gegenüber konnte dagegen gar nicht damit umgehen. Es endete darin, dass er mich wild beschimpfte. Dies hat das Publikum mit Buh-Rufen kommentiert.“

„Auf welche Schwierigkeiten bzw. Herausforderungen sind Sie in der Anwendung der WK gestoßen?“

„Dass man von Zeit zu Zeit seine Kommunikationsweise, auch die der WK, überprüfen und hinterfragen muss. Es ist eine Sache der Übung, des Bewusstseins, sodass man in kritischen Situationen die WK auch instinktiv anwendet.“

„Welche Werte sind Ihnen als Bürgermeisterin wichtig und wie können Sie diese Werte umsetzen?“

„Ehrlichkeit, Offenheit, Menschlichkeit, Gradlinigkeit. Die WK hat mir geholfen, diese Werte authentisch zu vermitteln.“

19.4 Interview mit Stefany Dücker, Thomas Cook AG in Oberursel

Beate Brüggemeier: *„In welchem Zusammenhang haben Sie die Wertschätzende Kommunikation (WK) kennengelernt?"*

Stefany Dücker: „Ich habe ein Seminar in Wertschätzender Kommunikation besucht, das bei Thomas Cook über die Personalentwicklung angeboten wurde. Da ich ohnehin ein christlich-gläubiger und werteorientierte Mensch bin, habe ich mich angesprochen gefühlt."

„Was hat Sie daran besonders interessiert?"

„Vor allem der Empathie-Prozess. Ich finde es sehr interessant zu lernen, wie man die Bedürfnisse anderer erkennen kann und diese dann auch formuliert. Spannend fand ich auch das mit den Urteilsohren. Sich bewusst zu machen: ‚Jetzt höre ich mit Urteilsohren.' Dadurch habe ich gelernt, zu reflektieren und darauf zu achten, wie ich mit meiner Kommunikation umgehe und wie sie auf andere wirkt. Aber auch die Selbstempathie hat mich sehr interessiert – immer erst einmal bei meinen eigenen Bedürfnissen bleiben, erst einmal sagen, wie es mir geht, und dann eine abschließende Bitte formulieren. Das fällt mir übrigens heute noch schwer. Ein Schlüsselerlebnis war für mich, zu erkennen, dass ich für mich selbst verantwortlich bin. Nicht die anderen müssen etwas tun, damit es mir gut geht, sondern ich muss mich selbst darum kümmern."

„Hat sich in Ihrem Berufsleben etwas in Bezug auf Ihre Kommunikation verändert? Haben Ihre Mitarbeiterinnen und Mitarbeiter gemerkt, dass Sie anders mit ihnen reden?"

„Nein, das haben sie, glaube ich, nicht gemerkt. Aber ich habe versucht, sie aktiv mit einzubinden. Ich habe von dem Seminar erzählt und von der Philosophie, die dahinter steht. Ich habe versucht, ihnen das mitzugeben, was ich gelernt habe. Aber für mich hat sich seit dem Seminar sehr viel verändert. Weniger in der normalen Kommunikation bei der Arbeit, sondern mehr, was meine Aufmerksamkeit angeht. Ich gehe jetzt ganz anders mit anderen um. Reaktionen von anderen ordne ich anders ein. Wenn ich vorher eher ablehnend reagiert oder mich auf die gleiche Ebene gestellt hätte, bin ich heute gelassener. Ich versuche mich in die Situation meines Gegenübers hineinzuversetzen und versuche zu verstehen, welche seiner Bedürfnisse nicht erfüllt sind, und wie ich dazu beitragen kann, dass die Beziehung wieder stimmt. Das funktioniert sehr gut, gerade wenn die Probleme auf der Beziehungsebene liegen. Wenn sie auf der Themenebene liegen, kriegt man es auch anders hin."

„Dann hat sich also vor allem das Miteinander zwischen den Mitarbeitern verändert?"

„Die direkten Kollegen nehmen die WK an und probieren es selbst aus. Schon jetzt ist unser Miteinander viel schöner geworden – wie Sie selbst sagen: Wir sind dafür gemacht, in unserem sozialen Bund zu arbeiten. Im Grunde möchte keiner dem anderen etwas Böses tun."

„Wie ist es Ihnen am Anfang ergangen? War es schwierig für Sie, die WK im Alltag umzusetzen?"

„Am Anfang war es manchmal etwas holprig. Es dauert, bis man seinen eigenen Stil gefunden hat. Man muss üben. Das ist ja kein Kommunikationstraining im eigentlichen Sinne, sondern es geht mit einer Veränderung einher. Genauso wie ich andere Redewendungen trainiere, trainiere ich auch in der WK meinen eigenen Stil. Den habe ich mittlerweile gefunden."

„Welchen konkreten Nutzen bringt Ihnen die WK?"

„Es ist effizienter, es spart Zeit, wenn man die WK anwendet. Weil ich jetzt ganz klar sage, was mit mir los ist und wie ich mir vorstelle, wie man das eine oder andere auf den Weg bringen kann."

„Gibt es Grundvoraussetzungen, die in einem Unternehmen für die WK geschaffen werden müssen? Muss eine gewisse Werteorientierung vorhanden sein?"

„Ich bin der Meinung, dass die Unternehmensführung nicht vorgeben kann, dass Werte gelebt werden sollen. Werte müssen in jedem schon installiert sein. Das hat viel mit Erziehung zu tun. Man kann aber sagen, welche Werte in einem Unternehmen wichtig sind. Hier muss eine Einigung stattfinden. Werte müssen festgelegt werden, damit sie kommuniziert werden können und alle Bescheid wissen. Wenn man dann ein eigenes Wertesystem hat und weiß, welche Werte einem persönlich wichtig sind, dann kann man sagen, ob sie zu den Unternehmenswerten passen oder eben nicht. Für Thomas Cook kann ich sagen, dass die Werte, die der Vorstand und die Geschäftsleitung formuliert haben und die dann von Führungskräften ausgearbeitet und noch einmal gefestigt wurden, von den Mitarbeitern bestätigt werden. Das sind Werte wie Vertrauen, Respekt, Offenheit, aber auch Optimismus und Humor. So wie ich das erlebe, geht hier jeder mit den Unternehmenswerten konform. Das ist bereichernd. Besonders beeindruckend finde ich bei uns, dass auch in einer wirtschaftlich schwierigen Zeit, in der Wirtschaftskrise, daran festgehalten wird. Dass auch jetzt der Wille da ist, zu sagen: ‚Nein, das, was wir vor einem Jahr angefangen haben, stampfen wir jetzt nicht wieder ein, sondern wir machen weiter, weil es uns wichtig ist.' Ein

Wertesystem hält uns zusammen, auch in schwierigen Zeiten. Es ist einfach, durch Höhen zu kommen, aber durch Tiefen, das ist ein Stück weit schwieriger. Wenn man sich dann aber auf gemeinsame Werte verständigt und diese lebt – wie Offenheit oder Vertrauen –, dann ist es einfacher."

„Hat sich Ihre innere Haltung dadurch verändert?"

„Ich bin aufmerksamer geworden. Ich höre gut zu – anders als vorher. Und ich höre nicht nur die Worte, sondern auch die Gefühle dahinter. Das versuche ich zumindest."

„Aber ist es nicht so, dass Gefühle im Business eigentlich nicht gewünscht sind? In der WK spielen sie jedoch eine entscheidende Rolle. Wie gehen Sie damit um?"

„Ich mache da keine Trennung. Für mich gehören Gefühle genauso ins Business wie in den privaten Bereich. Ich finde es wichtig, dass man Gefühle hat und sie auch formulieren kann. Damit habe ich im letzten halben Jahr gute Erfahrungen gemacht."

„Können Sie hierfür ein Beispiel nennen?"

„Ich habe Dinge einfach mal gesagt. Ich habe Mitarbeitern oder Kolleginnen gedankt. Ich habe gesagt, dass ich mich freue. Darauf habe ich viel positive Resonanz bekommen. Gerade schriftlich ist es besonders positiv angenommen worden. Mittlerweile werden ja unglaublich viele E-Mails geschrieben. Wenn dann mal eine wertschätzende E-Mail dabei ist, die keinen wirklichen Hintergrund hat, sondern nur ein Gefühl der Freude ausdrückt oder ein Danke, dann ist das sehr berührend."

„Und wie war das mit nicht erfüllten Bedürfnissen? Haben Sie die auch geäußert? Wirkt das auf den Gesprächspartner nicht befremdlich oder abschreckend?"

„Ich bleibe authentisch und gehe den Weg, den ich eingeschlagen habe, auch bei negativen Gefühlen. Sicherlich löst es Irritationen aus, wenn man sagt: ‚Ich bin sauer, frustriert oder genervt.' Ich habe das auch in einem Gremium gemacht, in dem das eigentlich nicht so angebracht ist. Aber es war kein Nachteil für mich. Ich habe vielmehr positives Feedback bekommen. Andere, die die Situation beobachtet hatten, haben mir gesagt, dass sie es toll finden, dass ich den Mut habe, meine Gefühle auszusprechen."

„Welche Werte sind Ihnen als Führungskraft wichtig und wie können Sie diese Werte umsetzen?“

„Mir sind Offenheit, Vertrauen und auch Nähe wichtig. Ich möchte mit meinen direkten Kolleginnen und Kollegen und auch mit meinen Mitarbeitern nicht nur ein vertrauensvolles Verhältnis haben, sondern ich möchte ihnen auch gerne nahe sein. Ich möchte wissen, was sie bewegt. Ich möchte, dass sich meine Mitarbeiter getragen fühlen. Dass sie sich zeigen können, auch wenn es ihnen mal nicht so gut geht. Jeder soll das Gefühl haben, dass er auch mal einen Durchhänger haben darf. Das verstehe ich unter Nähe. Es ist wichtig, dass man sich seinem Team anvertrauen kann.“

19.5 Interview Aja-Textor-Goethe-Haus Alten- und Pflegeheim in Frankfurt/M.

Michaela du Mesnil:	Pflegedienstleitung
Karl-Heinz Knobloch:	Altenpfleger
Lucia Kreidler:	Altenpflegerin
Uwe Scharf:	geschäftsführender Heimleiter
Heike Schraut-Ohl:	Pflegedienstleitung

Beate Brüggemeier: *„Im Aja-Haus wurde durch alle Hierarchiestufen hinweg Wertschätzende Kommunikation geschult – von den Hausmeistern über den Küchendienst bis zu den Pflegern und der Leitung. Was hat Sie dazu bewegt, sich auf diesen Weg einzulassen?"*

Uwe Scharf: „Unser Kerngeschäft ist die Beziehungsarbeit. Wir wollen alte Menschen gut begleiten, auch über ihre Krisen hinweg. Dann ergab es sich, dass Marshall Rosenberg hier in Frankfurt war. Das war für uns die Gelegenheit, konzentriert einzusteigen. Wir haben allen Mitarbeitern freigestellt, an diesem Abendvortrag teilzunehmen, und haben dann alle Bereichsleiter bei dem anschließenden Seminar angemeldet."

Michaela du Mesnil: „Ich war durch die begeisterten Erzählungen der Mitglieder des ambulanten Pflegedienstes in München neugierig geworden, die das gesamte Team in GFK geschult hatten, und habe mich dann auf die Suche nach Angeboten hier bei uns in der Nähe gemacht. Dabei bin ich auf das zweitägige Seminar von Marshall Rosenberg gestoßen, wo wir dann alle zusammen hingefahren sind."

„Was hat Sie daran besonders interessiert"

Michaela du Mesnil: „Wie ich es schaffen kann, konfliktbeladene Situationen rasch für alle Beteiligten zu lösen, um möglichst schnell wieder in eine wertschätzende Zusammenarbeit zu kommen."

„Sie haben es in Ihrem Beruf offensichtlich häufig mit Konflikten zu tun."

Uwe Scharf: „Wir haben sehr viel zu tun mit schwierigen Verhaltensweisen von Bewohnern und teilweise auch mit sehr anspruchsvollen Angehörigen, die mit den begrenzten Ressourcen, die wir hier haben, nicht immer zufrieden sind. Das heißt, wir haben immer wieder Konflikte auf unterschiedlichsten Ebenen zu lösen. Dabei wollen wir auf Augenhöhe miteinander kommunizieren, die Interessen von allen Beteiligten ernst nehmen und einen fairen Interessensausgleich suchen. Da ist eine Methode wie die GFK sehr hilfreich."

Heike Schraut-Ohl: „Es gibt viele Situationen, in denen man sich bedrängt fühlt oder eben keine Lösung weiß und ziemlich hilflos da steht."

Uwe Scharf: „Ich glaube, die Altenpflege ist, auch was die Anforderungen an die sozialen Kompetenzen betrifft, ein extrem unterschätzter Beruf. Das Bild, das viele von der Altenpflege haben, deckt sich überhaupt nicht mit der Berufsrealität. Die Gestaltung von Beziehungen ist ein wesentlicher Punkt im Anforderungsprofil. Und da gibt es verschiedene Kraftquellen oder eben auch Kraftfresser. Konflikte im Team sind genauso schwierig und belastend wie Konflikte mit Angehörigen. Die Arbeit mit den Bewohnern selbst ist vergleichsweise weniger belastend."

Karl-Heinz Knobloch: „Als ich die GFK kennenlernte, war für mich von Anfang an klar, dass sie mir das Handwerkszeug gibt, auch mit Fällen von Demenz klarzukommen. Ich kann mich noch gut an die Reaktion einer Kollegin erinnern, der auf einmal bewusst wurde: ‚Oh, ich darf ja auch ein Bedürfnis haben.' Es gilt auch, seine eigenen Grenzen zu erkennen. Dann kann man mit gutem Gewissen sagen: ‚Ich sehe Ihre Not, aber ich bin am Ende, ich kann Ihnen jetzt leider nicht helfen.' Das Merkwürdige ist, dass Menschen mit Demenz das sehr oft fühlen. Man merkt, dass man beim anderen angekommen ist. Mit Menschen mit Demenz entsteht eine andere Verbindung, nicht nur die Verbindung von Wort zu Wort, sondern eine, die auf Ausstrahlung und auf Schwingungen basiert. Die Gewaltfreie Kommunikation ist für mich dafür das richtige Handwerkszeug geworden."

Uwe Scharf: „Aufmerksamer für die Gefühle und die Bedürfnisse des anderen zu werden und auch sich selber wahrzunehmen ist im Zusammenspiel unverzichtbar, wenn wir mit kranken und alten Menschen umgehen. Gerade diese Menschen sprechen viel unmittelbarer auf die Gefühlsebene an."

Lucia Kreidler: „Und daran wird auch deutlich, dass die Wertschätzende Kommunikation viel mehr als eine Technik ist, nämlich eine innere Haltung. Das spüren Menschen mit Demenz sofort. Sie gehen nicht über das Kognitive, sondern sie spüren deutlich, was hinter den Worten steht. Durch die WK habe ich gelernt, dass ich erst, wenn ich mein Bedürfnis wahrnehme, überhaupt in der Lage bin, mich mit anderen Menschen zu verbinden. Dann kann ich auch entsprechende Bitten aussprechen. Das Beste an der WK ist, dass sie nicht auf der Wunschebene bleibt, sondern konkret und handfest ist."

„Wie trägt die WK zu mehr Effektivität bei?"

Lucia Kreidler: „Viele Situationen sind jetzt viel leichter zu handhaben und darum unterm Strich effektiver, weil ich nicht so viel Kraft dabei verliere. Gerade die Selbstempathie finde ich unglaublich wichtig."

Michaela du Mesnil: „Das geht mir ähnlich. Ich kann jetzt entspannter in schwierigen Situationen vermitteln, frei von Vorurteilen. Ich bin aufmerksam und versuche, den anderen in seinem Gefühl und Bedürfnis zu verstehen, und kann ebenso meine eigenen Bedürfnisse aussprechen."

Karl-Heinz Knobloch: „Ich muss immer wieder üben, meine Gefühle ohne Erwartungen mitzuteilen. Bei dem Bewohner weiß ich, dass ich nichts erwarten kann. Bei den Kollegen ist das anders. Da denke ich häufig: ‚Der muss das doch begreifen, der muss doch wissen, was ich will!'"

Lucia Kreidler: „Dann kommen ganz schnell die DU-Sätze, mit denen der andere verurteilt wird. Die WK folgt dem Ansatz, bei sich selbst zu schauen. Das ist gerade dann schwer, wenn man schnell Klarheit über eine Sache haben will. Schwer, nicht in die Verstandesschiene zu rutschen und den anderen zu verurteilen, sondern bei sich zu bleiben und seine Bedürfnisse zu äußern, mit einer klaren Bitte ohne Erwartung, ohne Forderung."

Heike Schraut-Ohl: „Doch gerade wenn man einen Moment zurücktritt und schaut, was die eigenen Bedürfnisse sind, und konkret eine Bitte aussprechen kann, gibt das mir und meinem Gesprächspartner Orientierung. So kommt es eher zu einer Klärung."

Karl-Heinz Knobloch: „Ich erlebe aber auch häufig, dass in Bitten Erwartungen versteckt werden. Wenn ich zum Beispiel sage: ‚Ich bitte darum, dass die Wäsche gemacht wird', könnte ich genauso gut sagen: ‚Du machst heute Mittag die Wäsche!' Das wäre ehrlicher. Denn wenn es nicht gemacht wird, werde ich eben sauer. Für mich ist es dann hilfreich, mich zu fragen, wieso ich sauer bin. Also noch mal bei mir selbst zu schauen."

Lucia Kreidler: „Ich merke ganz deutlich den Unterschied zwischen einer Übungsgruppe und dem Alltag. Ich erlebe, wie die über mehr als 3.000 Jahre hinweg kultivierte Gewaltsprache immer wieder bei mir durchkommt und wie schwierig es ist, gerade in dem Moment, wenn ich emotional betroffen bin, die Geistesgegenwart zu bewahren. Wenn es mir gelingt, habe ich viel mehr Lebensqualität. Es ist sehr wichtig, weiter zu üben. Hier im Team sind wir aufeinander angewiesen, wir müssen Hand in Hand arbeiten. In großen Teambesprechungen ist es noch sehr schwer, nach WK zu kommunizieren. Da gelingt es noch nicht wirklich."

Karl-Heinz Knobloch: „Wir haben in einem Team einen ‚Wächter', der vor jeder Teamsitzung kurz sagt: ‚Wir wollen heute die Teamsitzung im Sinne der WK machen.' Das ist sehr hilfreich. Entschleunigen ist dabei eine wichtige Sache. Wir führen viel zu viele Gespräche unter Stress und Druck oder zwischen Tür und Angel. Gerade bei schwierigen Themen sollte man sich einen Raum suchen, in dem man etwas in Ruhe bereden kann. Das würde helfen, Missverständnisse aus dem Weg zu räumen."

„Was trägt zu einer Wertschätzenden Kommunikation bei? Welche Ressourcen müssen vorhanden sein?"

Michaela du Mesnil: „Achtsamkeit, Offenheit und Mut. Und die Bereitschaft, immer wieder hinzuschauen und zu reflektieren."

Uwe Scharf: „Es braucht zwei, drei Personen, die wirklich begeistert sind von dieser Methode und denen die WK ein persönliches Anliegen ist. Die braucht es, um das wach zu halten, was man gelernt hat. Sonst schläft es ein. Es braucht sicherlich auch entsprechende Qualifikationen und Schulungen. Die Investitionen – ob zeitlich oder finanziell – zahlen sich in Form von Kraft an anderer Stelle wieder aus."

Heike Schraut-Ohl: „Es ist natürlich ganz wichtig, dass diese Offenheit auf höchster Ebene gewollt wird. Wir können uns glücklich schätzen, dass das bei uns so ist."

Uwe Scharf: „In unserer Branche ist das Thema Qualitätssicherung seit geraumer Zeit ganz wesentlich, wir werden von außen stark kontrolliert. Da wird immer auf drei Qualitätsebenen geschaut: auf die Strukturqualität, die Prozessqualität und die Ergebnisqualität. Bei uns kommt wesentlich die Beziehungsqualität dazu. Wir können diese gute Beziehungsleistung erbringen, wenn wir als Team gut miteinander zusammen arbeiten und harmonieren. Das hebt uns auch im Wettbewerb ab."

„Heißt das, dass man durch größere Mitarbeiterzufriedenheit auch eine höhere Kundenzufriedenheit herstellen kann?"

Karl-Heinz Knobloch: „Letztendlich ist es so, wie es in der Bibel steht: ‚Liebe deinen Nächsten', und da darf man nicht aufhören, denn es geht ja noch weiter: „wie dich selbst". Der zweite Teil wird häufig vergessen, aber es gehört zusammen.

„Das ist ein schönes Schlusswort. Danke schön!"

20. Nachklang und Danksagungen

Liebe Leserin, lieber Leser, Sie sind am Ende des Buches angekommen. Ich möchte mich bei Ihnen bedanken, dass Sie sich auf dieses Buch eingelassen haben.

Ich hatte neun Monate Zeit, dieses Buch zu schreiben – und tatsächlich war es wie eine Schwangerschaft, mit Höhen und Tiefen. Das Buchprojekt hat mir noch einmal ein ganz intensives Einlassen auf die Wertschätzende Kommunikation ermöglicht. Es wurde mir ganz deutlich, was sich in den letzten Jahren an meiner Sprache und meinen Beziehungen zu anderen Menschen verändert hat. Das hat mir Sicherheit und ein tiefes Vertrauen gegeben.

Das Wissen um ein wertschätzendes Miteinander ist sicherlich schon Tausende von Jahren auf dieser Welt vorhanden. Ich habe nicht den Anspruch, es als mein Eigentum zu bezeichnen. Ich hoffe, dass ich bei Ihnen den Wunsch geweckt habe, dieses Wissen in sich wiederzubeleben. Ich bin dankbar, dass ich Dr. Marshall B. Rosenberg mit seiner Haltung der „Gewaltfreien Kommunikation" kennenlernte. Dass ich von ihm direkt lernen konnte. Ohne Dr. Rosenberg wäre dieses Buch nicht möglich gewesen. Von den Trainerinnen Isolde Teschner, Suna Yamaner, Regula Langemann und Ingrid Holler habe ich ebenfalls viel gelernt und bin mit ihnen meine ersten Schritte in dieser neuen Sprache und Haltung gegangen – dafür möchte ich mich bedanken.

Meine tiefe Dankbarkeit und Verbundenheit möchte ich meiner Familie ausdrücken, meinem Mann Dirk und meinen Kindern Marius, Malte und Matteo. Ihr habt mich in der Zeit des Schreibens unterstützt und mir den „Rücken frei gehalten". Ich danke euch für unser Zusammenleben, auch für die vielen Herausforderungen, die wir gemeinsam bewältigt haben – von einigen haben Sie in diesem Buch gelesen. Für das gemeinsame Wachsen, die Liebe und die Freude, die wir teilen. Danke auch für eure Zustimmung, unsere Familiengeschichten hier öffentlich erzählen zu dürfen.

Einen besonderen Dank an Brita Dahlberg, Geschäftsführerin des Frankfurter Rings, die den Anstoß für dieses Buch gegeben hat. Für ihr wirkliches „hartnäckiges" Dranbleiben, dass ich dieses Buch schreibe.

Ganz besonders bedanken möchte ich mich bei Iris Rohmann, die mich bei diesem Buch von Anfang bis zum Ende begleitet hat, eine Struktur mit mir gefunden hat, Texte durchgesprochen und bearbeitet hat. Sie glaubte an dieses Buch, wenn ich meine Zweifel bekam. Sie fand Worte, die mir immer wieder Mut machten weiterzuschreiben, meine Arbeit in Worte zu fassen und sie für die Öffentlichkeit freizugeben.

Auch Jana Kern danke ich herzlich für ihre Unterstützung. Sie hat mit mir gemeinsam Texte gelesen und hat mich unterstützt, von manchen Textstellen loszulassen und neue zu finden.

Bei meiner Kollegin Angela Dietz bedanke ich mich für die geführten Gespräche, die mich fachlich und freundschaftlich bereichert haben und mir Mut und Unterstützung gaben. Bei Elke Dobkowitz bedanke ich mich sehr für das Lesen des Gesamttextes, das mir Sicherheit gab. Für das Lesen und den Austausch über Aspekte aus Unternehmenssicht bedanke ich mich herzlich bei Cornelia Hädrich.

Dominika und Jacek Rogalski bin ich dankbar für die wertvolle Unterstützung im Alltag und die netten Gesten, die mir das Leben beim Schreiben verschönert haben. Einen herzlichen Dank an meine Freundinnen Beate Kern und Marion Fischer, die mir empathisch zuhörten und immer für mich da waren.

Besonders dankbar bin ich all meinen Kunden, deren Erfahrungen immer wieder in dieses Buch eingeflossen sind. Durch Ihre Bestärkungen und auch durch Ihre kritischen Anregungen sorgen Sie dafür, dass Wertschätzende Kommunikation immer mehr zu dem wird, was es für mich bedeutet: Wertschätzend miteinander zu leben und zu arbeiten. Danke für Ihr Vertrauen und Ihre Offenheit.

Möchten Sie mir nach der Lektüre etwas mitteilen, an Gedanken anknüpfen, mir von Ihren Erfahrungen berichten? Dann lade ich Sie ein, mit mir in Kontakt zu treten.

Homepage: www.beatebrueggemeier.de
eMail: info@beatebrueggemeier.de

Von Herzen wünsche ich Ihnen ein wertschätzendes Miteinander!

Beate Brüggemeier

21. Wortschatz für Gefühle und Bedürfnisse

Wir haben persönliche, körperliche und soziale Bedürfnisse. Die nachfolgende Liste und die Kategorisierung dienen Ihnen als Anregung. Die Liste kann durch Ihren individuellen Bedürfniswortschatz erweitert werden.

Persönliche Bedürfnisse

Abwechslungsreichtum	Gleichberechtigung
Aktivieren von eigenen Ressourcen	Glück
Als Individuum anerkannt werden	Humor
Autonomie – Selbstbestimmung	Individualität
Beitrag zum Unternehmenswert leisten	Inspiration
Eigene Erfahrungen machen können	Kompetenz
Eigene Gestaltungsräume	Kreativität
Eigeninitiative	Menschenwürde
Einsatzfreude	Motivation
Engagement	Mut
Entscheidungsfreiräume	Mut, Ideen zu verwirklichen
Flexibilität	Ordnung / Struktur
Förderung und Karrierechancen	Orientierung
Freiheit	Persönliches Wachstum
Freude	Persönlichkeitsentwicklung
Frieden	Pläne zur Erfüllung der eigenen Ziele
Gelassenheit – Zentriertheit	Respekt und Wohlwollen

Selbstachtung	Talente einsetzen können
Selbstbewusstsein	Überlebenssicherung
Selbstschutz	Verantwortung übernehmen
Selbstverantwortung	Visionen, Träume und Werte entwickeln
Selbstvertrauen	Wahrgenommen werden mit den eigenen Bedürfnissen
Selbstverwirklichung	Weiterentwicklung
Sinnhaftigkeit	Werteorientierung
Sinnvolle Arbeit	Wertschätzung
Spaß	Wirtschaftliche Sicherheit
Spiritualität	Zufriedenheit / innere Zufriedenheit

Bedürfnisse im Kontakt mit anderen

Achtsamkeit	Freude
Akzeptanz	Freundschaft
Anerkennung	Frieden
Aufrichtigkeit / Ehrlichkeit	Geborgenheit
Austausch	Gegenseitige Unterstützung
Authentizität	Gemeinsam Erfolg feiern
Balance von Aktivität und Ruhe	Gemeinsam Ziele erreichen
Balance von Arbeit und Freizeit	Gemeinsamkeit / Teamgeist / Zusammenhalt
Balance von Geben und Nehmen	Gesehen und gehört werden
Emotionale Sicherheit	Glaubwürdigkeit
Empathie	Gleichwertigkeit / Gleichwürdigkeit
Ernst genommen werden	Harmonie
Fairer Interessensausgleich	Humor
Fairness	Information
Feiern – Erfolge feiern	Innovation

Integrität	Toleranz
Klarheit	Transparenz
Kommunikation auf Augenhöhe	Unterstützung
Kongruenz	Veränderungsbereitschaft
Kreativität	Verbundenheit
Liebe	Vereinbarungstreue
Menschliche Beziehungen	Verlässlichkeit
Mitgefühl	Verlässlichkeit – Absprachen einhalten
Nähe	Verständnis
Offenheit – Klima von Offenheit	Vertrauen
Ordnung / Struktur / Orientierung	Vielfalt
Planbarkeit	Wertschätzung
Privatsphäre	Wertschöpfung
Qualität	Zugehörigkeit
Respekt	Zugewandtheit
Respekt für Unterschiedlichkeiten	Zur Bereicherung des Lebens beitragen
Rücksichtnahme	Zusammenarbeit – Kooperation
Schutz	

Körperliche Bedürfnisse

Bewegung	Ruhe
Gesundheit	Schutz
Körperkontakt	Unterkunft
Luft	Wasser
Nahrung	

Gefühlswortschatz, wenn Bedürfnisse erfüllt sind

angeregt	erfrischt	hoffnungsvoll	überwältigt
aufgedreht	erfüllt	inspiriert	vergnügt
ausgeglichen	ergriffen	kraftvoll	wach
befreit	erleichtert	klar	wissbegierig
begeistert	erstaunt	lebendig	zufrieden
behaglich	ermutigt	locker	zuversichtlich
belebt	erwartungsvoll	lustig	
berührt	fasziniert	motiviert	
beruhigt	freudig	munter	
beschwingt	fröhlich	mutig	
bewegt	froh	neugierig	
dankbar	gefesselt	optimistisch	
eifrig	gelassen	präsent	
engagiert	gespannt	ruhig	
enthusiastisch	gerührt	selbstsicher	
entlastet	glücklich	selbstzufrieden	
entschlossen	gut gelaunt	sicher	
entspannt	heiter	still	
entzückt	hellwach	überglücklich	
erfreut	hocherfreut	überrascht	

Gefühlswortschatz, wenn Bedürfnisse *nicht* erfüllt sind

aggressiv	erschrocken	traurig	widerwillig
ängstlich	erschüttert	sauer	wütend
ärgerlich	erstarrt	schlapp	zappelig
alarmiert	frustriert	schüchtern	zitterig
angespannt	gehemmt	schockiert	zögerlich
ausgebrannt	geladen	sorgenvoll	zornig
aufgeregt	gelangweilt	sprachlos	zurückhaltend
ausgelaugt	gelähmt	teilnahmslos	
bedrückt	genervt	traurig	
besorgt	hilflos	überlastet	
bestürzt	hin- und hergerissen	überwältigt	
betroffen	in Panik	unglücklich	
beunruhigt	irritiert	unter Druck	
blockiert	kribbelig	lustlos	
deprimiert	empört	ungeduldig	
einsam	müde	unruhig	
ermüdet	mutlos	unzufrieden	
ernüchtert	nervös	verspannt	
erschlagen	niedergeschlagen	verwirrt	
erschöpft	perplex	verwundert	
erschreckt	ruhelos	verzweifelt	

Literatur

Quellennachweise

Rosenberg, M.B.: *Gewaltfreie Kommunikation. Eine Sprache des Lebens.* Paderborn: Junfermann [8]2009

Rosenberg, M.B.: *Die Sprache des Friedens sprechen in einer konfliktreichen Welt.* Paderborn: Junfermann [2]2009

Rosenberg, M.B.: *Konflikte lösen durch Gewaltfreie Kommunikation. Ein Gespräch mit Gabriele Seils.* Freiburg: Herder [11]2009

Holler, I.: *Trainingsbuch Gewaltfreie Kommunikation.* Paderborn: Junfermann [5]2009

Rosenberg, M.B.: *Was deine Wut dir sagen will: überraschende Einsichten.* Paderborn: Junfermann [3]2009

Sprenger, R.K.: *Aufstand des Individuums. Warum wir Führung komplett neu denken müssen.* Frankfurt/M.: Campus [2]2000

Ergebnis des Engagement Index, der Anfang 2009 von der Gallup GmbH veröffentlicht wurde.

Bauer, J.: *Warum ich fühle, was du fühlst. Intuitive Kommunikation und das Geheimnis der Spiegelneurone.* Hamburg: Hoffmann und Campe 2005

Belgrave, B. & Lawrie, G.: *Gewaltfreie Kommunikation. Dancefloor zum Lernen und Üben der GFK.* www.GnB.org.uk

Weitere Literaturempfehlungen

Führung, Kommunikation, Präsentation

Sprenger, R.K.: *Mythos Motivation. Wege aus einer Sackgasse.* Frankfurt/M.: Campus [18]2007

Sprenger, R.K.: *Das Prinzip Selbstverantwortung. Wege zur Motivation.* Frankfurt/M.: Campus [12]2007

Borbonus, R.: *Die Kunst der Präsentation. Überzeugend präsentieren und begeistern. 91 Antworten für eine eindrucksvolle Präsentation ohne Show-Business.* Paderborn: Junfermann [2]2009

Meier-Seethaler, C.: *Gefühl und Urteilskraft. Ein Plädoyer für die emotionale Vernunft.* München: C.H. Beck [3]2001

Bauer, J.: *Prinzip Menschlichkeit. Warum wir von Natur aus kooperieren.* Hamburg: Hoffmann und Campe 2006

Gewaltfreie Kommunikation

Rosenberg, M.B.: *Das können wir klären! Wie man Konflikte friedlich und wirksam lösen kann.* Paderborn: Junfermann ²2007

Klein, S. & Gibson, N.: *Was macht dich wütend? 10 Schritte zur Transformation von Ärger, durch die alle gewinnen können.* Paderborn: Junfermann 2004

Hwoschinsky, C.: *Mit dem Herzen zuhören. Ein Leitfaden für das einfühlsame Zuhören.* Paderborn: Junfermann 2006

Rust, S.: *Wenn die Giraffe mit dem Wolf tanzt. Vier Schritte zu einer einfühlsamen Kommunikation.* Burgrain: Koha 2006

Sprache gestaltet Beziehung (Lern-DVD). Einführung in die Gewaltfreie Kommunikation nach Marshall Rosenberg by metapuls, DVD-PAL-Format / 100 Min. + Zusatzmaterial. www.metapuls.ch

Familie und Schule

Rosenberg, M.B.: *Kinder einfühlend ins Leben begleiten. Elternschaft im Licht der GFK.* Paderborn: Junfermann ²2007

Gaschler, F. & G.: *Ich will verstehen, was du wirklich brauchst: Gewaltfreie Kommunikation mit Kindern – das Projekt Giraffentraum.* München: Kösel ³2007

Kashtan, I.: *Von Herzen Eltern sein. Die Geschenke des Mitgefühls, der Verbindung und der Wahlfreiheit miteinander teilen.* Paderborn: Junfermann 2005

Hart, S. & Kindle Hodson, V.: *Empathie im Klassenzimmer. Zwischenmenschliche Beziehungen in den Mittelpunkt stellen. Gewaltfreie Kommunikation im Unterricht.* Paderborn: Junfermann 2006

Rosenberg, M.B.: *Erziehung, die das Leben bereichert. Gewaltfreie Kommunikation im Schulalltag.* Paderborn: Junfermann ³2007

Eisler, R.: *Die Kinder von morgen. Die Grundlagen der partnerschaftlichen Bildung.* Freiburg: Arbor 2005